工业机器人操作与编程（ABB）

（第2版）

总主编　谭立新

主　编　刘罗仁　傅子霞

副主编　杜兰波　张玉希　彭梁栋

　　　　熊桑武　罗清鹏

北京理工大学出版社

BEIJING INSTITUTE OF TECHNOLOGY PRESS

内 容 简 介

本书围绕 ABB 机器人，通过详细的图解实例对 ABB 机器人的操作、编程的相关方法及其功能进行讲述，让读者了解操作和编程作业的每一项具体方法，从而使读者在软、硬件方面对 ABB 机器人有一个全面的认识。

本书以项目任务式体例编排，主要介绍了 ABB 机器人基础知识及手动操作、ABB 机器人的 I/O 配置、ABB 机器人程序数据、ABB 机器人程序的编写、ABB 机器人的总线通信、ABB 机器人 TCP 练习、ABB 机器人搬运码垛和 ABB 机器人智能分拣。

本书内容系统、层次清晰、实用性强，可作为高等职业院校工业机器人技术等相关专业的教学用书，也可供工业机器人设计、使用、维修人员参考。

图书在版编目（CIP）数据

工业机器人操作与编程：ABB／刘罗仁，傅子霞主编. -- 2 版. -- 北京：北京理工大学出版社，2021.9
ISBN 978 - 7 - 5763 - 0288 - 2

Ⅰ. ①工… Ⅱ. ①刘… ②傅… Ⅲ. ①工业机器人 – 操作 – 高等职业教育 – 教材②工业机器人 – 程序设计 – 高等职业教育 – 教材 Ⅳ. ①TP242.2

中国版本图书馆 CIP 数据核字（2021）第 177592 号

出版发行／北京理工大学出版社有限责任公司	
社　　址／北京市海淀区中关村南大街 5 号	
邮　　编／100081	
电　　话／（010）68914775（总编室）	
（010）82562903（教材售后服务热线）	
（010）68944723（其他图书服务热线）	
网　　址／http：//www. bitpress. com. cn	
经　　销／全国各地新华书店	
印　　刷／三河市天利华印刷装订有限公司	
开　　本／787 毫米 × 1092 毫米　1/16	
印　　张／18	责任编辑／钟　博
字　　数／404 千字	文案编辑／钟　博
版　　次／2021 年 9 月第 2 版　2021 年 9 月第 1 次印刷	责任校对／周瑞红
定　　价／79.00 元	责任印制／施胜娟

图书出现印装质量问题，请拨打售后服务热线，本社负责调换

总序

　　2017 年 3 月，北京理工大学出版社首次出版了工业机器人技术系列教材，该系列教材是全国工业和信息化职业教育教学指导委员会研究课题《系统论视野下的工业机器人技术专业标准与课程体系开发》的核心成果，其针对工业机器人本身特点、产业发展与应用需求，以及高职高专工业机器人技术专业的教材在产业链定位不准、没有形成独立体系、与实践联系不紧密、教材体例不符合工程项目的实际特点等问题，提出运用系统论基本观点和控制论的基本方法，在系统全面调研分析工业机器人全产业链基础上，提出了工业机器人产业链、人才链、教育链及创新链"四链"融合的新理论，引导高职高专工业机器人技术建设专业标准及开发教材体系，在教材定位、体系构建、材料组织、教材体例、工程项目运用等方面形成了自己的特色与创新，并在信息技术应用与教学资源开发上做了一定的探索。主要体现在：

　　一是面向工业机器人系统集成商的教材体系定位。主体面向工业机器人系统集成商，主要面向工业机器人集成应用设计、工业机器人操作与编程、工业机器人集成系统装调与维护、工业机器人及集成系统销售与客服五类岗位，兼顾智能制造自动化生产线设计开发、装配调试、管理与维护等。

　　二是工业应用系统集成核心技术的教材体系构建。以工业机器人系统集成商的工作实践为主线构建，以工业机器人系统集成的工作流程（工序）为主线构建专业核心课程与教材体系，以学习专业核心课程所必需的知识和技能为依据构建专业支撑课程；以学生职业生涯发展为依据构建公共文化课程的教材体系。

　　三是基于"项目导向、任务驱动"的教学材料组织。以项目导向、任务驱动进行教学材料组织，整套教材体系是一个大的项目——工业机器人系统集成，每本教材是一个二级项目（大项目的一个核心环节），而每本教材中的项目又是二级项目中一个子项（三级项目），三级项目由一系列有逻辑关系的任务组成。

　　四是基于工程项目过程与结果需求的教材编写体例。以"项目描述、学习目标、知识准备、任务实现、考核评价、拓展提高"六个环节为全新的教材编写体例，全面系统体现工业机器人应用系统集成工程项目的过程与结果需求及学习规律。

　　该教材体系系统解决了现行工业机器人教材理论与实践脱节的问题，该教材体系以实践为主线展开，按照项目、产品或工作过程展开，打破或不拘泥于知识体系，将各科知识融入项目或产品制作过程中，实现了"知行合一""教学做合一"，让学生学会运用已知的知识和已经掌握的技能，去学习未知的专业知识和掌握未知的专业技能，解决未知的生产实际问题，符合教学规律、学生专业成长成才规律和企业生产实践规律，实现了人类认识自然的本原方式的回归。经过四年多的应用，目前全国使用该教材体系的学校已超过140所，用量超过十万多册，以高职院校为主体，包括应用本科、技师学院、技工院校、中职学校及企业岗前培训等机构，其中《工业机器人操作与编程（KUKA）》获"十三五"职业教育国家规划教材和湖南省职业院校优秀教材等荣誉。

随着工业机器人自身理论与技术的不断发展、其应用领域的不断拓展及细分领域的深化、智能制造对工业机器人技术要求的不断提高，工业机器人也在不断向环境智能化、控制精细化、应用协同化、操作友好化提升。随着"00"后日益成为工业机器人技术的学习使用与设计开发主体，对个性化的需求提出了更高的要求。因此，在保持原有优势与特色的基础上，如何与时俱进，对该教材体系进行修订完善与系统优化成为第2版的核心工作。本次修订完善与系统优化主要从以下四个方面进行：

一是基于工业机器人应用三个标准对接的内容优化。实现了工业机器人技术专业建设标准、产业行业生产标准及技能鉴定标准（含工业机器人技术"1＋X"的技能标准）三个标准的对接，对工业机器人专业课程体系进行完善与升级，从而完成对工业机器人技术专业课程配套教材体系与教材及其教学资源的完善、升级、优化等；增设了《工业机器人电气控制与应用》教材，将原体系下《工业机器人典型应用》重新优化为《工业机器人系统集成》，突出应用性与针对性及与标准名称的一致性。

二是基于新兴应用与细分领域的项目优化。针对工业机器人应用系统集成在近五年工业机器人技术新兴应用领域与细分领域的新理论、新技术、新项目、新应用、新要求、新工艺等对原有项目进行了系统性、针对性的优化，对新的应用领域的工艺与技术进行了全面的完善，特别是在工业机器人应用智能化方面进一步针对应用领域加强了人工智能、工业互联网技术、实时监控与过程控制技术等智能技术内容的引入。

三是基于马克思主义哲学观与方法论的育人强化。新时代人才培养对教材及其体系建设提出了新要求，工业机器人技术专业的职业院校教材体系要全面突出"为党育人、为国育才"的总要求，强化课程思政元素的挖掘与应用，在第2版教材修订过程中充分体现与融合运用马克思主义基本观点与方法论及"专注、专心、专一、精益求精"的工匠精神。

四是基于因材施教与个性化学习的信息智能技术融合。针对新兴应用技术及细分领域及传统工业机器人持续应用领域，充分研究高职学生整体特点，在配套课程教学资源开发方面进行了优化与定制化开发，针对性开发了项目实操案例式MOOC等配套教学资源，教学案例丰富，可拓展性强，并可针对学生实践与学习的个性化情况，实现智能化推送学习建议。

因工业机器人是典型的光、机、电、软件等高度一体化产品，其制造与应用技术涉及机械设计与制造、电子技术、传感器技术、视觉技术、计算机技术、控制技术、通信技术、人工智能、工业互联网技术等诸多领域，其应用领域不断拓展与深化，技术不断发展与进步，本教材体系在修订完善与优化过程中肯定存在一些不足，特别是通用性与专用性的平衡、典型性与普遍性的取舍、先进性与传统性的综合、未来与当下、理论与实践等各方面的思考与运用不一定是全面的、系统的。希望各位同仁在应用过程中随时提出批评与指导意见，以便在第3版修订中进一步完善。

谭立新

2021年8月11日于湘江之滨听雨轩

前　言

　　工业机器人技术是先进制造技术的代表。近年来，智能机器人越来越多地介入人类的生产和生活，人工智能技术不仅在西方国家发展势头强劲，在中国的发展也同样引人注目，中国已然是全球机器人行业增长最快的市场。工业机器人是一种功能完整、可独立运行的自动化设备，它有自身的控制系统，能依靠自身的控制能力完成规定的作业任务，因此，其编程和操作是工业机器人操作、调试、维修人员必须掌握的基本技能。

　　本书围绕 ABB 机器人，通过详细的图解实例对 ABB 机器人的操作、编程的相关方法及其功能进行讲述，让读者了解操作和编程作业的每一项具体方法，从而使读者在软、硬件方面对 ABB 机器人有一个全面的认识。

　　本书以项目任务式体例编排，读者根据项目完成任务，一边操作一边学习，从而达到事半功倍的效果。其中，"ABB 机器人基础知识及手动操作""ABB 机器人的 I/O 配置""ABB 机器人程序数据设定""ABB 机器人程序的编写""ABB 机器人的总线通信"这 5 个项目的主要内容是 ABB 机器人的硬件与程序编程的基本应用与练习，使读者熟悉每个单元的操作步骤及功能特点；"ABB 机器人 TCP 练习""ABB 机器人搬运码垛""ABB 机器人智能分拣"这 3 个项目主要是以生产实践为基础的大型工程应用，可投入生产线作为教学练习。

　　本书内容简明扼要、图文并茂、通俗易懂，并配有湖南科瑞迪教育发展有限公司提供的 MOOC 平台在线教学视频（www. moocdo. com）。本书可作为高等职业院校工业机器人技术等相关专业的教学用书，也可供工业机器人设计、使用、维修人员参考。

　　本书由娄底职业技术学院刘罗仁、长沙职业技术学院傅子霞任主编，桃源县职业中等专业学校杜兰波、湖南科瑞特科技股份有限公司张玉希、彭梁栋、熊桑武、罗清鹏任副主编。湖南信息职业技术学院谭立新教授作为整套工业机器人系列丛书的总主编，对整套图书的大纲进行了多次审定、修改，使其在符合实际工作需要的同时便于教师授课使用。

　　在丛书的策划、编写过程中，湖南省电子学会提供了宝贵的意见和建议，在此表示诚挚的感谢。同时感谢为本书中实践操作及视频录制提供大力支持的湖南科瑞特科技股份有限公司。

　　尽管编者主观上想努力使读者满意，但书中不可避免地存在不足之处，欢迎读者提出宝贵建议。

编　者

目 录

项目一

ABB 机器人基础知识及手动操作

1.1 项目描述

本项目的主要学习内容包括：了解 ABB 机器人的硬件系统结构，正确地使用示教器，了解 ABB 机器人的坐标系和手动操作方法，通过示教器正确地操作机器人，并对 ABB 机器人进行简单的示教。

1.2 教学目的

通过本项目的学习让学生了解 ABB 机器人的硬件系统结构，熟悉 ABB 机器人各关节轴的原点位置，正确地使用示教器，能够在示教器上设定显示语言与系统时间，熟练地掌握 ABB 机器人的坐标系和手动操作方法，能够通过示教器正确地操作 ABB 机器人，并对 ABB 机器人进行简单的示教。掌握本项目的内容尤为重要，本项目含有大量的示教器使用和配置环节，学生可以按照本项目所讲的操作方法同步操作，为后续学习更加复杂的内容打下坚实的基础。

1.3 知识准备

1.3.1 了解 ABB 机器人的硬件系统结构

ABB 机器人的硬件系统由本体、示教器、控制系统 3 个基本部分组成。本体即机座和执行机构，包括臂部、腕部、手部。大多数 ABB 机器人有 4~6 个自由度，其中腕部通常有 1~3 个自由度。示教器是进行 ABB 机器人的手动操纵、编写程序、配置参数以及监控的手持装置。控制系统按照输入的程序对驱动系统和执行机构发出执行信号，从而进行控制。

为了认识和操作 ABB 机器人，下面以 IRB120 型 ABB 机器人为例进行介绍。

IRB120 型 ABB 机器人是新型第四代 ABB 机器人家族中最小的成员，具有敏捷、紧凑、轻量、位置重复精度高的特点，广泛应用于物料搬运与装配应用。

其主要技术参数如下：

（1）工作半径：最大 580 mm；

（2）机器人高度：700 mm；

（3）机器人质量：25 kg；

（4）安装方式：地面、墙壁、倒装等多种方式；

（5）自由度数：6；

（6）承重负载：3 kg；

（7）功率：0.25kW；

（8）机器人运动轴的工作范围：

轴1：−165°～+165°，轴2：−110°～+110°，轴3：−90°～+70°，轴4：−160°～+160°，轴5：−120°～+120°，轴6：−400°～+400°；

（9）TCP 最大速度：6.2 m/s；

（10）TCP 最大加速度：28 m/s^2；

（11）TCP 加速时间：0.07 s；

（12）位置重复精度：0.01 mm；

（13）手腕集成信号源：10 路；

（14）手腕集成气源：4 路。

IRB120 型 ABB 机器人硬件系统如图 1-1 所示。

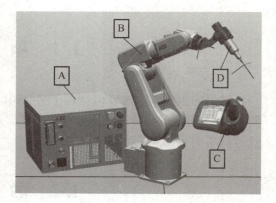

图 1-1　IRB120 型 ABB 机器人硬件系统

A—IRC5 Compact 控制柜；B—机器人本体；
C—示教器；D—装在法兰盘上的工具

1.3.2　ABB 机器人示教器介绍

示教器是 ABB 机器人的人机交互接口，ABB 机器人的所有操作基本上都是通过示教器来完成的，如点动 ABB 机器人，编写、调试和运行 ABB 机器人程序，设定、查看 ABB 机器人状态信息和位置等。ABB 机器人的示教器 FlexPendant（图 1-2）由硬件和软件组成，其本身就是一台完整的计算机。FlexPendant 是 IRC5 的一个组成部分，通过集成电缆与控制器连接。

认识 ABB 机器人
的示教器

FlexPendant 可在恶劣的工业环境下持续运行，其触摸屏易于清洁，且防水、防油、防溅锡。

示教器的主要部件如图 1-3 所示。

1.3.3　ABB 机器人示教器的正确使用方法

示教器是进行 ABB 机器人的手动操纵、编写程序、配置参数以及监控的手持装置，为了方便操作，下面介绍如何正确地使用示教器。

示教器的基本操作

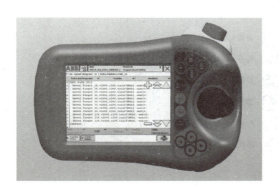

图 1-2　示教器 FlexPendant

图 1-3　示教器的主要部件

A—连接线缆；B—触摸屏；C—数据备份 USB 接口；
D—紧急停止按钮；E—手动操作摇杆；F—使能器按钮

1. 示教器画面菜单介绍

示教器界面如图 1-4 所示。

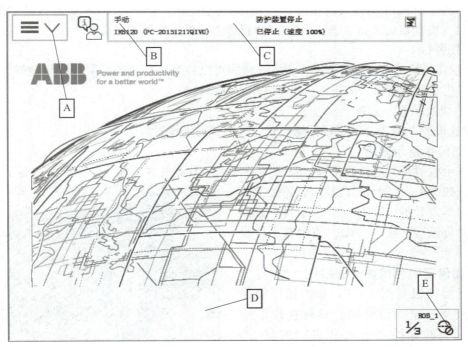

图 1-4　示教器界面

A—ABB 菜单；B—操作员窗口；C—状态栏；D—任务栏；E—"快速设置"菜单

1）ABB 菜单

ABB 菜单如图 1-5 所示。

2）操作员窗口

操作员窗口显示来自 ABB 机器人程序的消息。程序需要操作员作出某种响应，以应对继续工作时可能出现的情况。

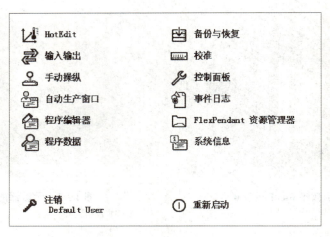

图 1 - 5　ABB 菜单

3）状态栏

状态栏显示 ABB 机器人的状态（手动、全速手动、自动）、ABB 机器人的系统信息、ABB 机器人电动机的运行状态、当前 ABB 机器人或外轴的使用状态。

4）任务栏

通过 ABB 菜单，可以打开多个视图，最多可以打开 6 个视图，但一次只能操作一个视图。任务栏显示所有打开的视图，并可以用于视图切换。

5）"快速设置"菜单

"快速设置"菜单显示手动操纵模式、程序执行的设置。

2. 如何手持示教器

操作示教器时，通常会手持该设备。通常将示教器放在左手上，然后用右手在触摸屏上操作，如图 1 - 6 所示。此款示教器是按照人体工程学设计的，同时也适合左利手者操作，只要将显示器旋转 180°，使用右手持设备即可。

3. 如何正确使用使能器按钮

使能器按钮（图 1 - 7）是为保证操作人员的人身安全而设计的，只有在按下使能器按钮，并保持"电机开启"的状态，才可对 ABB 机器人进行手动操作与程序的调试。当发生危险时，人会本能地将使能

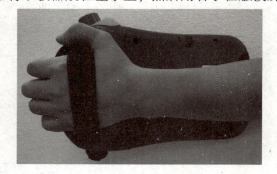

图 1 - 6　示教器的操作方式

器按钮松开或按紧，ABB 机器人则会马上停下来，从而保证安全。

操作者用左手的 4 个手指按住使能器按钮，操作如图 1 - 8 所示

使能器按钮分为两档，在手动状态下将第一档按下去，ABB 机器人处于"电机开启"状态（图 1 - 9），此时按着使能器按钮保持第一档状态，就可以手动操纵 ABB 机器人。

将第二档按下去以后，ABB 机器人就会处于"防护装置停止"状态，如图 1 - 10 所示。

图 1 – 7　使能器按钮

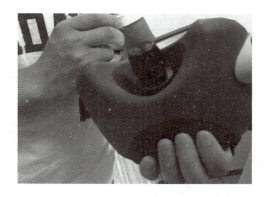

图 1 – 8　使能器按钮的操作

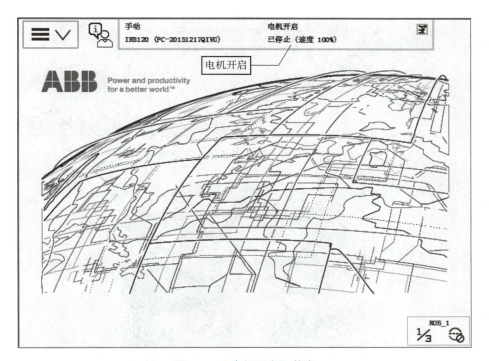

图 1 – 9　"电机开启"状态

1.3.4　ABB 机器人坐标系介绍

ABB 机器人的运动实质是根据不同的作业内容、轨迹要求，在各种坐标系下的运动。换句话说，对 ABB 机器人进行示教或手动操作时，其运动是在不同坐标系下进行的。在 ABB 机器人中有大地坐标系、基坐标系、法兰坐标系、工具坐标系、工件坐标系，如图 1 – 11 所示。

1. 大地坐标系

大地坐标系可定义 ABB 机器人单元，所有其他坐标系均与大地坐标系直接或间接相

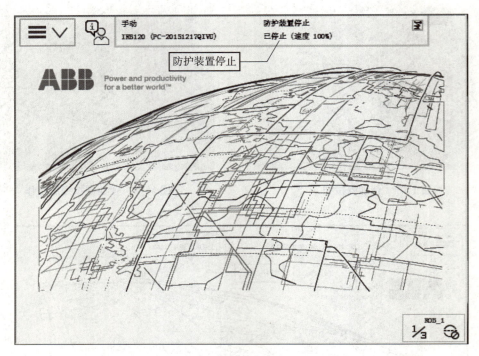

图1-10　"防护装置停止"状态

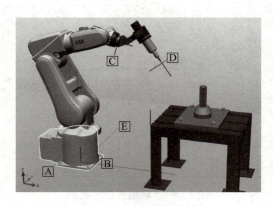

图1-11　ABB机器人的坐标系

A—大地坐标系；B—基坐标系；C—法兰坐标系；D—工具坐标系；E—工件坐标系

关。它适用于微动控制、一般移动以及处理具有若干机器人或外轴移动机器人的工作站和工作单元。在默认情况下，大地坐标系与基坐标系是一致的。

2. 基坐标系

基坐标系固定于ABB机器人基座，是ABB机器人的原点，也是大地坐标系的参考点，在基坐标系中，不管ABB机器人处于什么位置，TCP点均可沿基坐标系的 X 轴、Y 轴、Z 轴平行移动，它是最便于ABB机器人从一个位置移动到另一个位置的坐标系。

3. 法兰坐标系

法兰坐标系固定于 ABB 机器人的法兰盘上,原点为 ABB 机器人的法兰中心,是工具坐标系的参照点。

4. 工具坐标系

工具坐标系是一个可自由定义、由用户定制的坐标系,工具坐标系的原点为 TCP 点,即工具中心点。

5. 工件坐标系

工件坐标系是一个可自由定义、由用户定制的坐标系,它定义工件相对于大地坐标系的位置。ABB 机器人可以拥有若干工件坐标系,或者表示不同的工件,或者表示同一工件在不同位置的若干副本。

1.3.5 系统备份与恢复

定期对 ABB 机器人的数据进行备份,是保持 ABB 机器人正常动作的良好习惯。ABB 机器人数据备份的对象是所有正在系统内存中运行的 RAPID 程序和系统参数。当 ABB 机器人系统出现错乱或者重新安装系统以后,可以通过备份快速地把 ABB 机器人恢复到备份时的状态。

1. ABB 机器人的数据备份

ABB 机器人的数据备份如图 1 – 12 ~ 图 1 – 14 所示。

2. ABB 机器人的数据恢复

ABB 机器人的数据恢复如图 1 – 15 ~ 图 1 – 17 所示。

图 1 – 12 选择"备份与恢复"选项

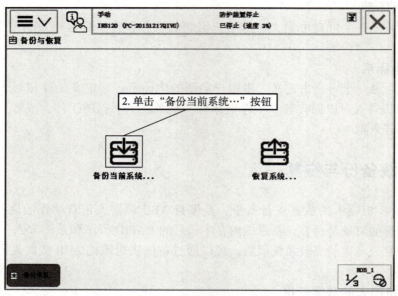

图1-13　备份当前系统

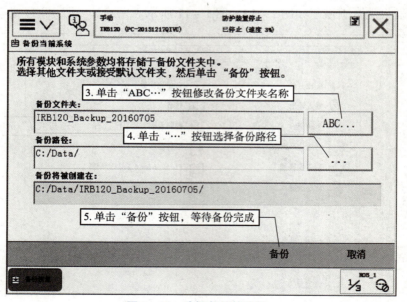

图1-14　选择备份的路径

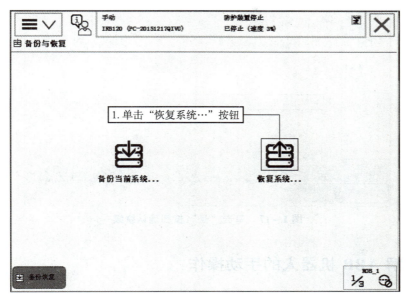

图 1-15　恢复系统

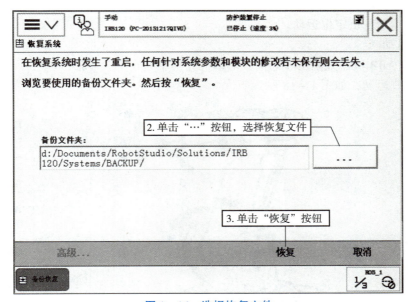

图 1-16　选择恢复文件

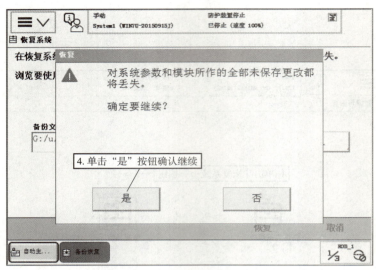

图 1-17　单击"是"按钮确认继续

1.3.6　了解 ABB 机器人的手动操作

1. 手动操作的模式

ABB 机器人的运动可以是步进的，也可以是连续的；可以是关节独立的，也可以是多关节协调的。这些运动均通过示教器来实现。ABB 机器人手动操作的模式一共有 3 种：关节运动、线性运动、重定位运动。

1）关节运动

IRB120 型 ABB 机器人是由 6 个伺服电动机分别驱动 6 个关节轴，每次操作一个关节轴的运动称为关节运动，如图 1-18 所示。

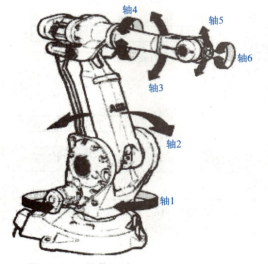

图 1-18　关节运动

ABB 机器人的手动操纵（上）

ABB 机器人的手动操纵（下）

2）线性运动

ABB 机器人的线性运动是指安装在 ABB 机器人第 6 轴法兰盘上的工具 TCP 沿坐标系的坐标轴方向（X、Y、Z）运动，如图 1 - 19 所示。

3）重定位运动

ABB 机器人的重定位运动是指安装在 ABB 机器人第 6 轴法兰盘上的工具 TCP 绕着坐标系的坐标轴旋转（X、Y、Z）运动，如图 1 - 20 所示。

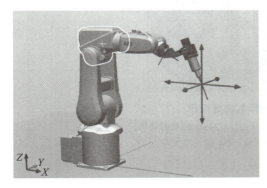 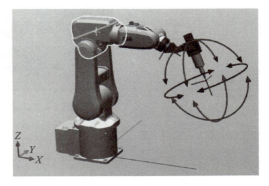

图 1 - 19   线性运动   图 1 - 20   重定位运动

2. 操作杆的使用技巧

ABB 机器人的手动操作是通过示教器上的操作杆（图 1 - 21）来进行的。可以把 ABB 机器人的操作杆比作汽车的油门，操作杆的操作幅度是与 ABB 机器人运动的速度相关的。操作幅度大，则 ABB 机器人的运动速度快；操作幅度小，则 ABB 机器人的运动速度慢。因此，在操作 ABB 机器人时，尽量以小幅度操作使 ABB 机器人运动。

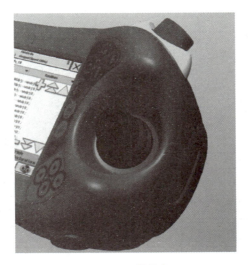

图 1 - 21   操作杆

3. 手动操作的快捷按钮

手动操作的快捷按钮如图 1 - 22 所示。

图1-22　手动操作的快捷按钮

A—机器人/外轴的切换；B—线性运动/重定位运动的切换；
C—轴1~3/轴4~6的切换；D—增量开关

1.3.7　了解增量式手动运行

在手动操作ABB机器人的过程中，如果对使用操作杆控制ABB机器人运动的速度不熟练的话，可以使用"增量"模式来控制ABB机器人的运动。在"增量"模式下，操作杆每移一下，ABB机器人就移动一步。如果操作杆持续1秒或数秒，ABB机器人就会持续移动。下面介绍"增量"模式的使用方法，如图1-23、图1-24所示。

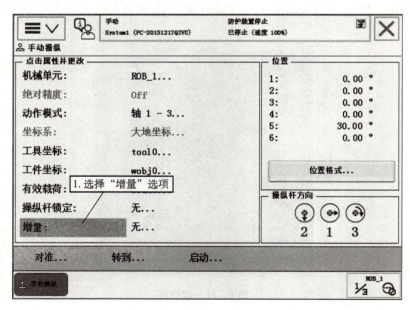

图1-23　选择"增量"选项

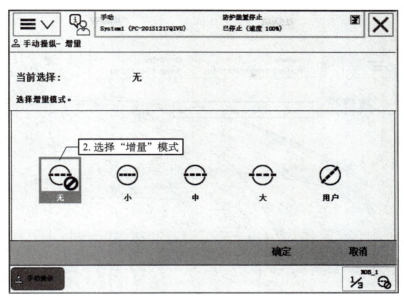

图 1 – 24　选择"增量"模式

1.4　任务实现

1.4.1　设定示教器的显示语言与系统时间

1. 设定示教器的显示语言

ABB 机器人的示教器在出厂的时候，默认的显示语言是英文，为了方便操作，可把显示语言设置为中文，操作步骤如图 1 – 25 ~ 图 1 – 30 所示。

2. 设定示教器的系统时间

设定示教器的系统时间的步骤如图 1 – 31、图 1 – 32 所示。

1.4.2　查看 ABB 机器人的事件日志与系统信息

（1）通过示教器查看 ABB 机器人的事件日志，具体操作步骤如图 1 – 33、图 1 – 34 所示。

（2）通过示教器查看 ABB 机器人的系统信息，具体操作步骤如图 1 – 35、图 1 – 36 所示。

1.4.3　ABB 机器人的关节运动

通过示教器操作 ABB 机器人的关节运动，具体操作步骤如图 1 – 37 ~ 图 1 – 43 所示。

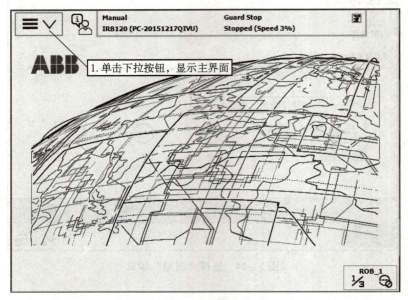

图 1-25　主界面

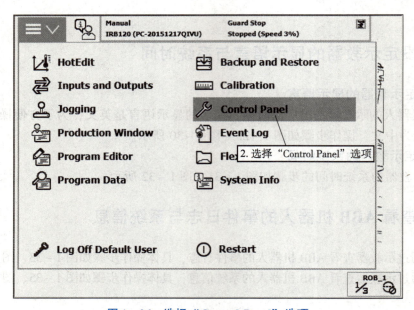

图 1-26　选择"Control Panel"选项

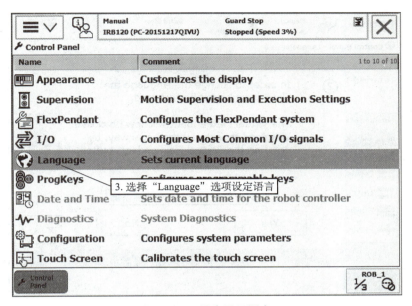

图 1 – 27 设定显示语言

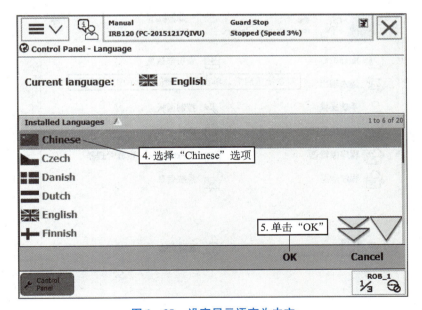

图 1 – 28 设定显示语言为中文

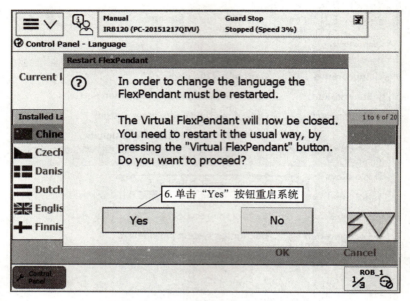

图1-29　单击"Yes"按钮重启系统

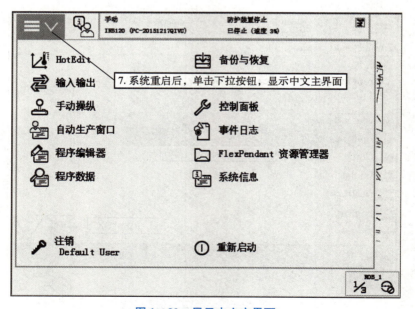

图1-30　显示中文主界面

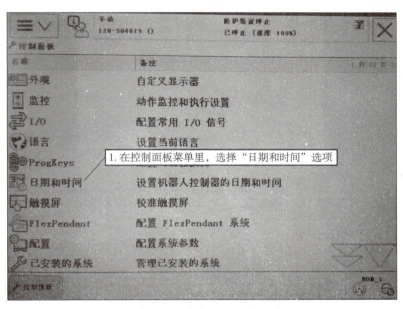

图 1-31　选择"日期和时间"选项

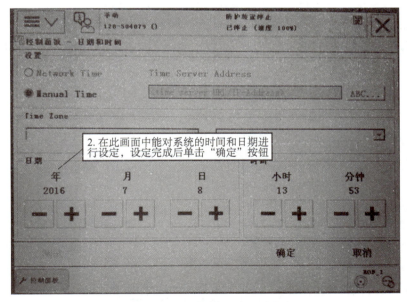

图 1-32　设定系统的时间和日期

图1-33   选择"事件日志"选项

图1-34   查看"事件日志"

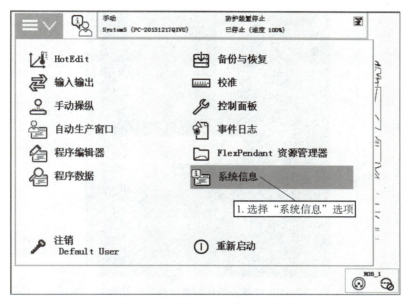

图 1 – 35　选择"系统信息"选项

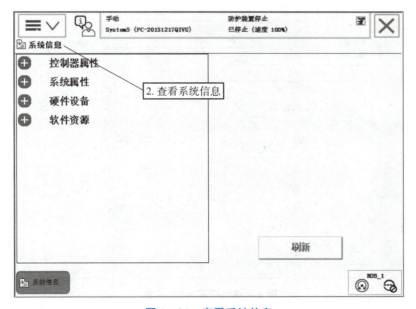

图 1 – 36　查看系统信息

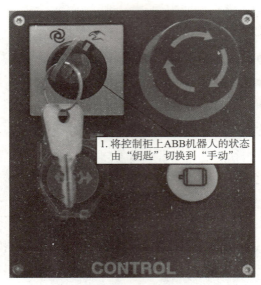

图 1 - 37 将 ABB 机器人的状态由"钥匙"切换到"手动"

图 1 - 38 打开 ABB 菜单

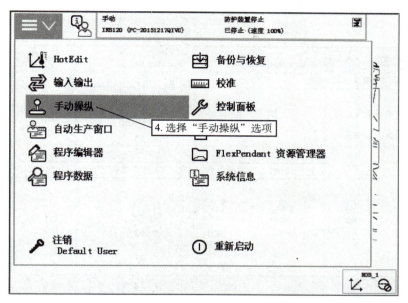

图 1 – 39　选择"手动操纵"选项

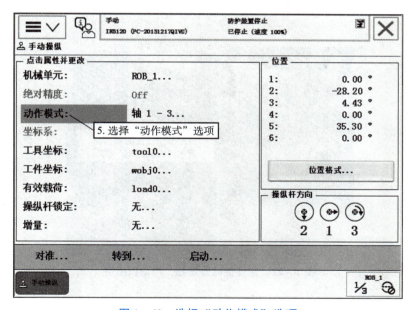

图 1 – 40　选择"动作模式"选项

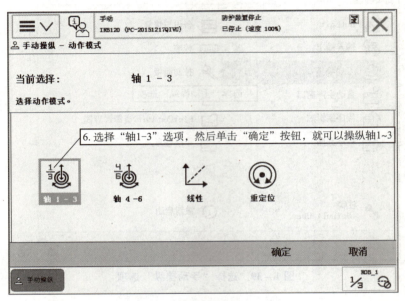

图1-41 选择"轴1-3"选项

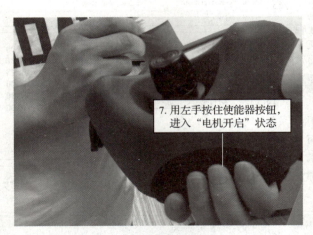

图1-42 按住使能器按钮，电动机上电

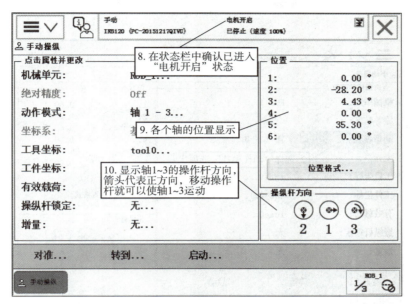

图 1－43 手动操作轴 1～3

1.4.4 ABB 机器人的线性运动

通过示教器操作 ABB 机器人的线性运动，具体操作步骤如图 1－44～图 1－52 所示。

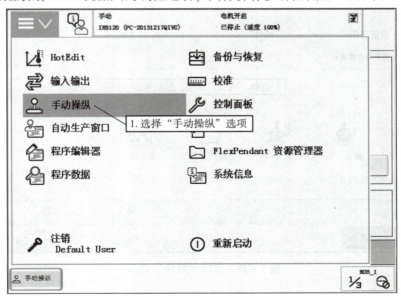

图 1－44 选择"手动操纵"选项

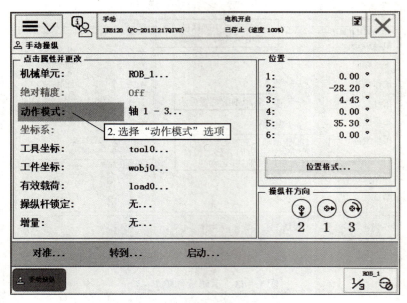

图1-45 选择"动作模式"选项

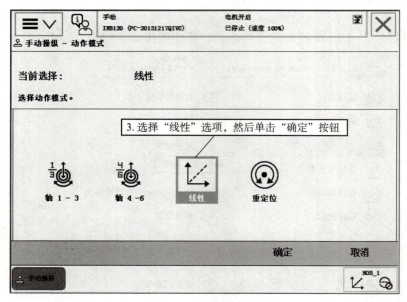

图1-46 选择"线性"选项

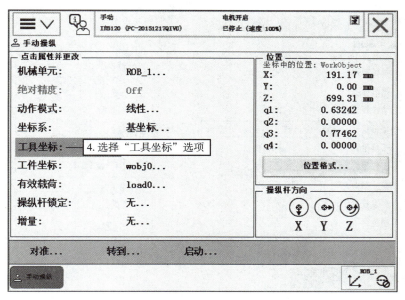

图 1-47　选择"工具坐标"选项

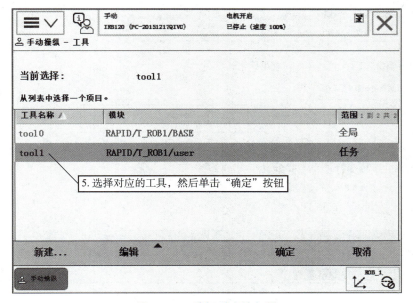

图 1-48　选择对应的工具

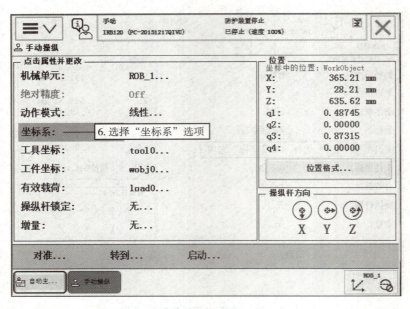

图1-49 选择"坐标系"选项

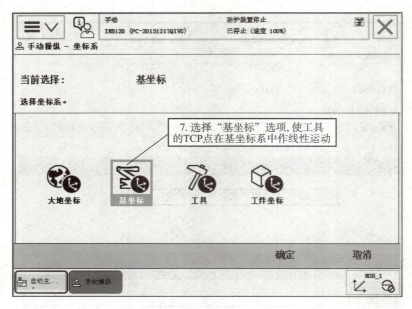

图1-50 选择"基坐标"选项

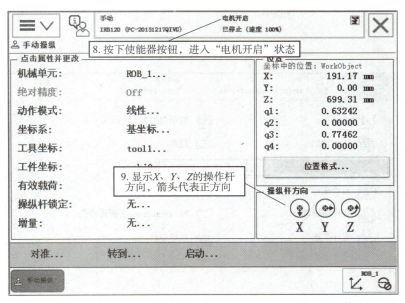

图 1-51　按下使能器按钮，进入"电机开启"状态

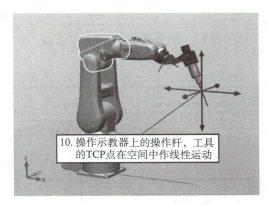

图 1-52　操作 ABB 机器人作线性运动

1.4.5　ABB 机器人的重定位运动

通过示教器操作 ABB 机器人的重定位运动，具体操作步骤如图 1-53～图 1-60 所示。

1.4.6　ABB 机器人的转数计数器更新

ABB 机器人的 6 个关节轴都有一个机械原点位置（图 1-61）。在以下情况下，需要对机械原点的位置进行转数计数器更新操作，因为只有这样，ABB 机器人才能达到它最高的点精度和轨迹精度或者完全能够以程序设定的动作运动：

转数计数器
的更新

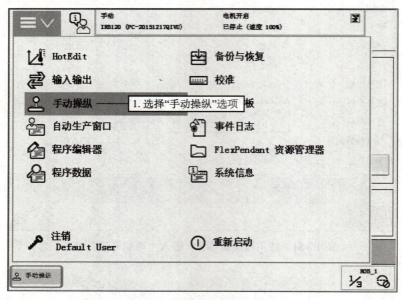

图1-53 选择"手动操纵"选项

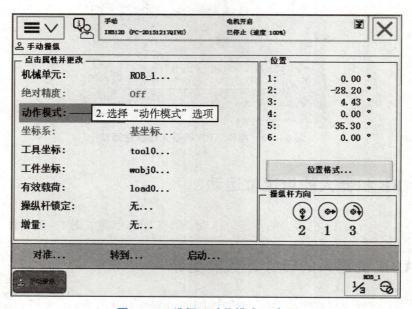

图1-54 选择"动作模式"选项

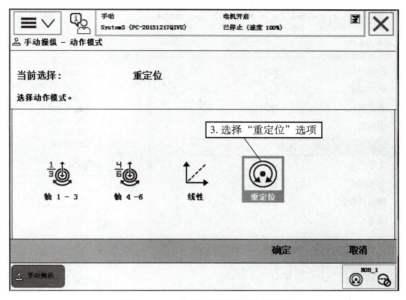

图 1-55　选择"重定位"选项

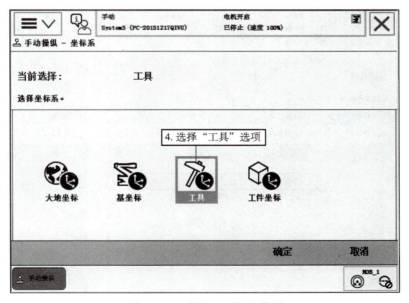

图 1-56　选择"工具"选项

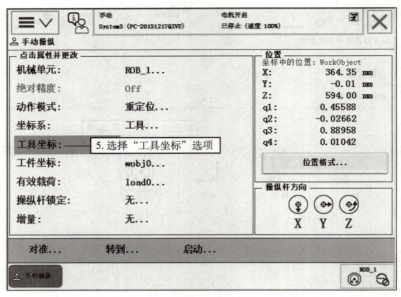

图 1－57　选择"工具坐标"选项

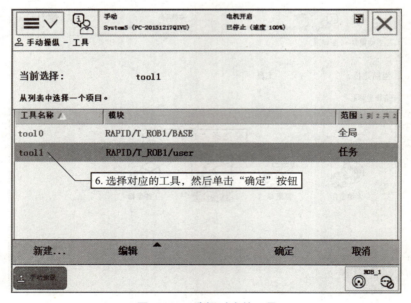

图 1－58　选择对应的工具

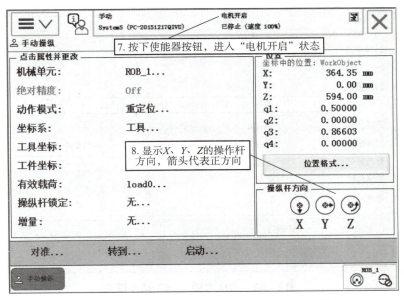

图 1–59 按下使能器按钮，进入"电机开启"状态

图 1–60 操作 ABB 机器人的重定位运动

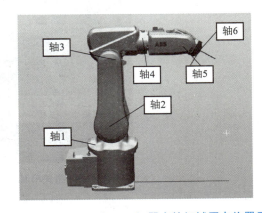

图 1–61 IRB120 型 ABB 机器人的机械原点位置示意

（1）更换伺服电动机转数计数器电池后；

（2）转数计数器发生故障，修复后；

（3）转数计数器与测量板之间断开后；

（4）断电后，ABB 机器人关节轴发生移动时；

（5）系统报警提示"10036 转数计数器未更新"时。

图 1–62 ~ 图 1–81 所示是进行 IRB120 型 ABB 机器人转数计数器更新的操作，通过示教器手动操作让 ABB 机器人各关节轴运动到机械原点的位置。

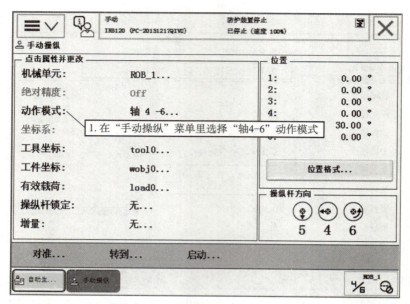

图 1 – 62　选择"轴 4 – 6"动作模式

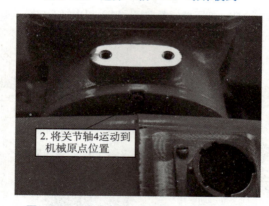

图 1 – 63　将关节轴 4 运动到机械原点位置

图 1 – 64　将关节轴 5 运动到机械原点位置

4. 将关节轴6运动到机械原点位置

图 1 - 65　将关节轴 6 运动到机械原点位置

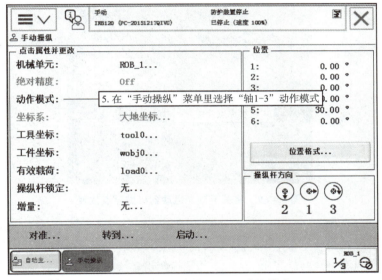

5. 在"手动操纵"菜单里选择"轴1-3"动作模式

图 1 - 66　选择"轴 1 - 3"动作模式

6. 将关节轴1运动到机械原点位置

图 1 - 67　将关节轴 1 运动到机械原点位置

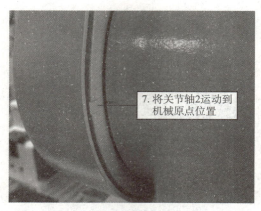

图 1－68　将关节轴 2 运动到机械原点位置

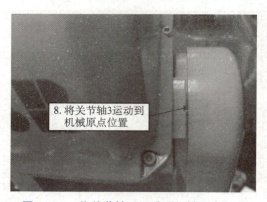

图 1－69　将关节轴 3 运动到机械原点位置

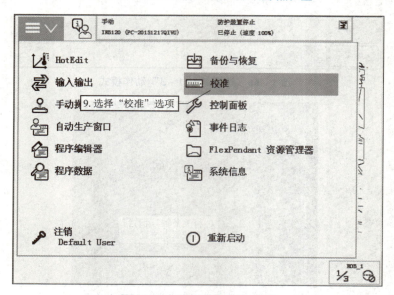

图 1－70　选择"校准"选项

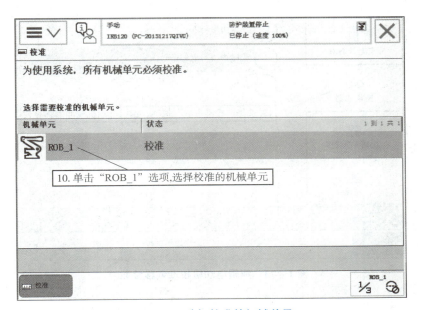

图 1 – 71　选择校准的机械单元

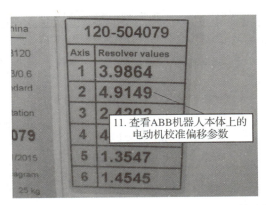

图 1 – 72　查看 ABB 机器人本体上的电动机校准偏移参数

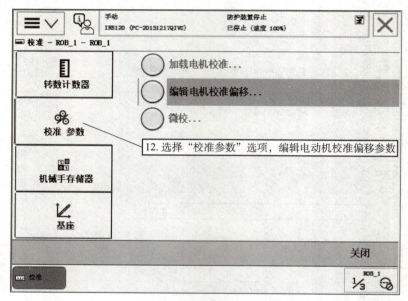

图1-73　编辑电动机校准偏移参数

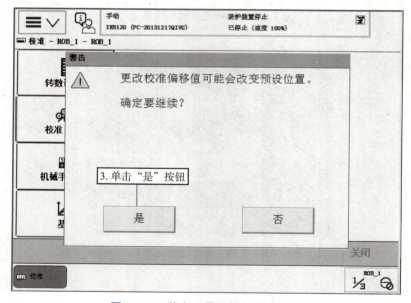

图1-74　单击"是"按钮确认修改

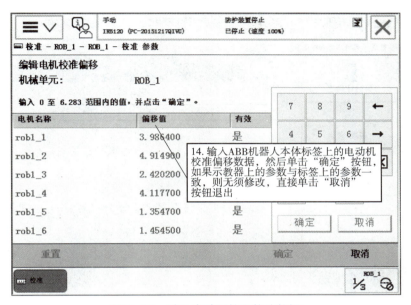

图 1 - 75　输入电动机校准偏移数据

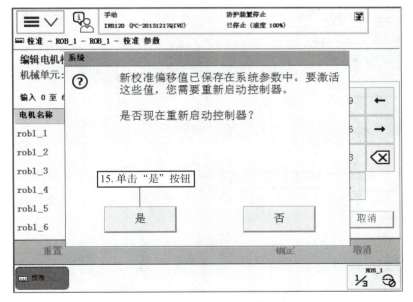

图 1 - 76　重启控制器

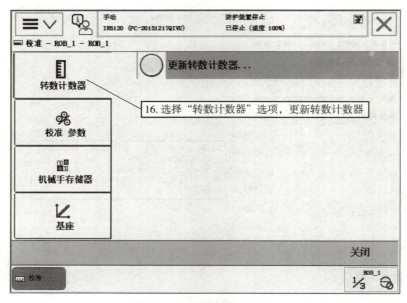

图1-77　更新转数计数器

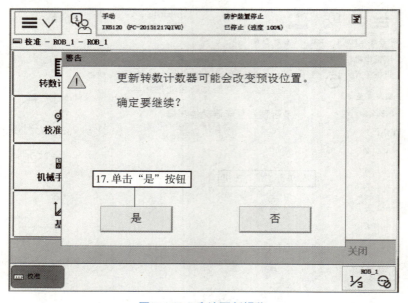

图1-78　确认更新操作

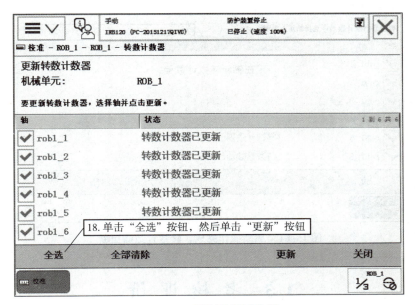

图 1-79　更新转数计数器

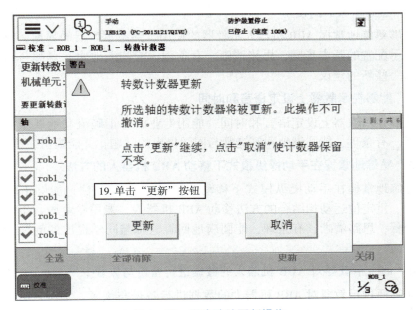

图 1-80　再次确认更新操作

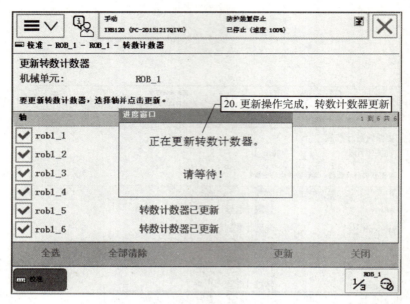

图1-81 更新操作完成，转数计数器更新

1.5 考核评价

任务1.1 熟悉示教器的使用

要求：能够熟练地掌握ABB机器人示教器的使用，熟悉示教器的界面，能用专业语言正确流利地展示配置的基本步骤，思路清晰、有条理，能圆满地回答老师与同学提出的问题，并能提出一些新的建议。

任务1.2 能够在示教器上设定语言和时间

要求：能够在示教器上设定语言和时间，能用专业语言正确流利地展示配置的基本步骤，思路清晰、有条理，能圆满地回答老师与同学提出的问题，并能提出一些新的建议。

任务1.3 熟练地掌握在手动操纵模式下移动ABB机器人的方法

要求：熟练地掌握在手动操纵模式下移动ABB机器人的方法，能够正确使用关节运动、线性运动、重定位运动相结合的方法移动ABB机器人，能用专业语言正确流利地展示操作的基本步骤，思路清晰、有条理，能圆满地回答老师与同学提出的问题，并能提出一些新的建议。

任务1.4 通过示教器对ABB机器人的数据进行备份与恢复

要求：能够通过示教器对ABB机器人的数据进行备份与恢复、加载ABB机器人程序，能用专业语言正确流利地展示操作的基本步骤，思路清晰、有条理，能圆满地回答老师与同学提出的问题，并能提出一些新的建议。

任务1.5 熟悉ABB机器人各个关节轴的机械原点位置，并更新转数计数器

要求：熟悉ABB机器人各个关节轴的机械原点位置，当ABB机器人需要进行转数计数

器更新时，能够熟练地更新转数计数器，能用专业语言正确流利地展示操作的基本步骤，思路清晰、有条理，能圆满地回答老师与同学提出的问题，并能提出一些新的建议。

1.6　扩 展 提 高

任务 1.6　通过示教器调整 ABB 机器人的姿态，使之准确地移动到目标点

要求：通过示教器调整 ABB 机器人的姿态，使之准确地移动到目标点，能用专业语言正确流利地展示操作的基本步骤，思路清晰、有条理，能圆满地回答老师与同学提出的问题，并能提出一些新的建议。

项目二

ABB 机器人的 I/O 配置

2.1 项 目 描 述

本项目的主要学习内容包括：了解 ABB 机器人 I/O 通信的种类，了解 ABB 机器人常用标准 I/O 板（DSQC651、DSQC652、DSQC653、DSQC377B），了解并配置 ABB 机器人标准 I/O 板 DSQC651，了解并配置输入/输出信号并与系统输入/输出关联，配置可编程按键等。

2.2 教 学 目 的

通过本项目的学习让学生了解 ABB 机器人 I/O 通信的种类，了解 ABB 机器人常用标准 I/O 板（DSQC651、DSQC652、DSQC653、DSQC377B），通过示教器配置 ABB 机器人标准 I/O 板 DSQC651，通过示教器配置输入/输出信号、组合输入/输出信号和模拟输出信号，通过示教器将系统输入/输出与输入/输出信号关联，通过示教器对输入/输出信号进行监控与操作，对示教器上的可编程按键进行定义等。本章的内容主要是关于 ABB 机器人的 I/O 通信，包含很多配置环节，学生可以按照本项目所讲的配置步骤同步操作，为后续学习更加复杂的内容打下坚实的基础。

2.3 知 识 准 备

通过项目一的学习，学生已经对 ABB 机器人各方面有了一定的了解，这将为本项目的学习提供很好的帮助。

ABB 标准 I/O 板
的介绍

2.3.1 ABB 机器人 I/O 通信的种类

ABB 机器人控制柜上有丰富的 I/O 通信接口，便于和其他设备进行通信。ABB 机器人常用 I/O 通信种类见表 2–1。

表 2 – 1　ABB 机器人常用 I/O 通信种类

ABB 机器人	
现场总线	PC
DeviceNet	RS232
Profibus	OPC server
Profibus – DP	……
Profinet	—
EtherNet IP	—
……	—

ABB 机器人 I/O 通信接口说明如下：

ABB 机器人标准 I/O 板提供的信号处理有数字量输入（DI）、数字量输出（DO）、模拟量输入（AI）、模拟量输出（AO）、组输入（GI）、组输出（GO），本项目将会对此进行介绍。

ABB 机器人常用标准 I/O 板见表 2 – 2。

表 2 – 2　ABB 机器人常用标准 I/O 板

标准 I/O 板型号	说明
DSQC651	分布式 I/O 模块 DI8 \ DO8 AO2
DSQC652	分布式 I/O 模块 DI16 \ DO16
DSQC653	分布式 I/O 模块 DI8 \ DO8（带继电器型）
DSQC377B	输送链跟踪模块

2.3.2　ABB 机器人标准 I/O 板 DSQC651 介绍

DSQC651 主要提供 8 个通道的数字量输入信号、8 个通道的数字量输出信号和 2 个通道的模拟量输出信号的处理，输出电流最大为 500 mA，驱动负载时电流若大于 500 mA，有可能损坏输出点位，使用时应特别注意。

1. 标准 I/O 板 DSQC651 接口说明
标准 I/O 板 DSQC651 如图 2 – 1 所示。

2. 标准 I/O 板 DSQC651 各接口说明
DSQC651 的 X1 端子介绍见表 2 – 3。
DSQC651 的 X3 端子介绍见表 2 – 4。
DSQC651 的 X5 端子介绍见表 2 – 5。

图 2−1　标准 I/O 板 DSQC651

A—X1，数字量输出接口；B—X6，模拟量输出接口；
C—X5，Device Net 接口；D—X3，数字量输入接口

表 2−3　DSQC651 的 X1 端子介绍

X1 端子编号	使用定义	分配地址
1	Output CH1	32
2	Output CH2	33
3	Output CH3	34
4	Output CH4	35
5	Output CH5	36
6	Output CH6	37
7	Output CH7	38
8	Output CH8	39
9	0 V	—
10	24 V	—
说明：输出端子 9 脚接 0 V，10 脚接 24 V，可从 XS16 上接线。		

表 2−4　DSQC651 的 X3 端子介绍

X3 端子编号	使用定义	分配地址
1	Input CH1	0
2	Input CH2	1
3	Input CH3	2

续表

X3 端子编号	使用定义	分配地址
4	Input CH4	3
5	Input CH5	4
6	Input CH6	5
7	Input CH7	6
8	Input CH8	7
9	0 V	
10	未使用	

说明：输入端子 9 脚接 0 V，可从 XS16 上接线。

表 2－5 DSQC651 的 X5 端子介绍

X5 端子编号	使用定义
1	0 V（黑）
2	CAN 信号线 Low（蓝）
3	屏蔽线
4	CAN 信号线 High（白）
5	24 V（红）
6	I/O 板地址选择公共端 GND
7	板卡 ID　Bit0（LSB）
8	板卡 ID　Bit1（LSB）
9	板卡 ID　Bit2（LSB）
10	板卡 ID　Bit3（LSB）
11	板卡 ID　Bit4（LSB）
12	板卡 ID　Bit5（LSB）

ABB 机器人标准 I/O 板是下挂在 DeviceNet 网络上的，所以需要设定板卡在网络中的地址，X5 端子的 6～12 脚的跳线决定板卡的地址，将跳线的相应引脚剪掉即可得到相应的地址，地址范围为 10～63。

如图 2－2 所示，剪断了 8 号、10 号地址针脚，由 2＋8＝10，可以获得 10 号的地址。如需获得 15 号的地址，可把 7～10 号地址针脚剪断。

DSQC651 的 X6 端子介绍见表 2－6。

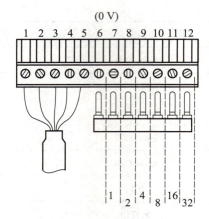

图2-2　X5端子

表2-6　DSQC651的X6端子介绍

X6端子编号	使用定义	分配地址
1	未使用	—
2	未使用	—
3	未使用	—
4	0V	—
5	模拟量输出 AO1	0～15
6	模拟量输出 AO2	16～31
说明：模拟量输出的范围为0～10 V。		

2.3.3　ABB机器人标准I/O板DSQC652介绍

　　DSQC652主要提供16个通道的数字量输入信号、16个通道的数字量输出信号的处理，输出电流最大为500 mA，驱动负载时电流若大于500 mA，有可能损坏输出点位，使用时应特别注意。

1. 标准I/O板DSQC652接口说明

　　标准I/O板DSQC652如图2-3所示。

2. 标准I/O板DSQC 652各接口说明

　　DSQC652的X1端子介绍见表2-7。

　　DSQC652的X2端子介绍见表2-8。

　　DSQC652的X5端子介绍见表2-5。

　　DSQC652的X3端子介绍见表2-4。

　　DSQC652的X4端子介绍见表2-9。

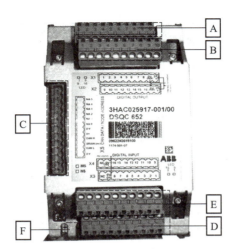

图 2 – 3　标准 I/O 板 DSQC652

A—X1，数字量输出接口（1～8）；B—X2，数字量输出接口（9～16）；C—X5，DeviceNet 接口；

D—X3，数字量输入接口（1～8）；E—X4，数字量输入接口（9～16）；F—状态指示灯

表 2 – 7　DSQC652 的 X1 端子介绍

X1 端子编号	使用定义	分配地址
1	Output CH1	0
2	Output CH2	1
3	Output CH3	2
4	Output CH4	3
5	Output CH5	4
6	Output CH6	5
7	Output CH7	6
8	Output CH8	7
9	0 V	—
10	24 V	—
说明：输出端子 9 脚接 0 V，10 脚接 24 V，可从 XS16 上接线。		

表 2 – 8　DSQC652 的 X2 端子介绍

X2 端子编号	使用定义	分配地址
1	Output CH9	8
2	Output CH10	9
3	Output CH11	10

X2 端子编号	使用定义	分配地址
4	Output CH12	11
5	Output CH13	12
6	Output CH14	13
7	Output CH15	14
8	Output CH16	15
9	0 V	—
10	24 V	—

表 2 – 9　DSQC652 的 X4 端子介绍

X4 端子编号	使用定义	分配地址
1	Input CH9	8
2	Input CH10	9
3	Input CH11	10
4	Input CH12	11
5	Input CH13	12
6	Input CH14	13
7	Input CH15	14
8	Input CH16	15
9	0 V	—
10	未使用	—

2.3.4　ABB 机器人标准 I/O 板 DSQC653 介绍

DSQC653 主要提供 8 个通道的数字输入信号、8 个通道的数字继电器输出信号的处理，输出电流最大为 2 A，驱动负载时电流若大于 2 A 或通断频率过高有可能损坏输出点位，使用时应特别注意。

1. 标准 I/O 板 DSQC652 接口说明

标准 I/O 板 DSQC653 如图 2 – 4 所示。

2. 标准 I/O 板 DSQC653 各接口说明

DSQC653 的 X1 端子介绍见表 2 – 10。

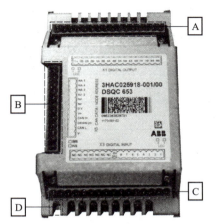

图 2 – 4　标准 I/O 板 DSQC653

A—X1，数字继电器输出信号接口；B—X5，DeviceNet 接口；

C—X3，数字输入接口；D—状态指示灯

表 2 – 10　DSQC653 的 X1 端子介绍

X1 端子编号	使用定义	分配地址
1	Output CH1A	0
2	Output CH1B	
3	Output CH2A	1
4	Output CH2B	
5	Output CH3A	2
6	Output CH3B	
7	Output CH4A	3
8	Output CH4B	
9	Output CH5A	4
10	Output CH5B	
11	Output CH6A	5
12	Output CH6B	
13	Output CH7A	6
14	Output CH7B	
15	Output CH8A	7
16	Output CH8B	
说明：输入端子 9 脚接 0 V，可从 XS16 上接线。		

DSQC653 的 X3 端子介绍见表 2 - 11。

表 2 - 11　DSQC653 的 X3 端子介绍

X3 端子编号	使用定义	分配地址
1	Input CH1	0
2	Input CH2	1
3	Input CH3	2
4	Input CH4	3
5	Input CH5	4
6	Input CH6	5
7	Input CH7	6
8	Input CH8	7
9	0 V	—
10 ~ 16	未使用	

DSQC653 的 X5 端子介绍见表 2 - 5。

2.3.5　ABB 机器人标准 I/O 板 DSQC377B 介绍

DSQC377B 主要提供 ABB 机器人输送链跟踪功能的同步开关与编码器信号的处理。一块输送链跟踪板卡只能对应一条需要跟踪的输送链，若同时需要跟踪多条输送链，则需要配置对应数量的跟踪板卡，ABB 机器人最多可以同时跟踪 6 条输送链。

1. 标准 I/O 板 DSQC377B 接口说明

标准 I/O 板 DSQC 377B 如图 2 - 5 所示。

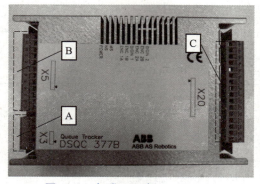

图 2 - 5　标准 I/O 板 DSQC377B

A—X3，供电电源；B—X5，DeviceNet 接口；C—X20，连接同步开关和编码器的端子

2. 标准 I/O 板 DSQC377B 各接口说明

DSQC377B 的 X3 端子介绍见表 2 – 12。

表 2 – 12　DSQC377B 的 X3 端子介绍

X3 端子编号	使用定义
1	0 V
2	未使用
3	接地
4	未使用
5	24 V

DSQC377B 的 X5 端子介绍见表 2 – 5。

DSQC377B 的 X20 端子介绍见表 2 – 13。

表 2 – 13　DSQC377B 的 X20 端子介绍

X20 端子编号	使用定义
1	24 V
2	0 V
3	编码器 24 V 电源接线端
4	编码器 0 V 电源接线端
5	编码器 A 相接线端（视情况调整）
6	编码器 B 相接线端（视情况调整）
7	同步传感器 24 V 接线端
8	同步传感器 0 V 接线端
9	同步传感器信号接线端
10 ~ 16	未使用

2.4　任 务 实 现

2.4.1　ABB 机器人标准 I/O 板 DSQC651 的配置

标准 I/O 板
DSQC652 的配置

ABB 机器人标准 I/O 板 DSQC651 是最为常用的板卡，故这里以配置 DSQC651 为例进行介绍。

ABB 机器人标准 I/O 板都是下挂在 DeviceNet 现场总线下，通过 X5 端口与 DeviceNet 现场总线进行通信。

DSQC651 的总线连接的相关参数设定见表 2 – 14。

表 2 – 14　DSQC651 的总线连接的相关参数设定

参数名称	设定值	说明
使用来自模板的值	DSQC651	设定标准 I/O 板的类型
Name	Board10	设定标准 I/O 板在系统中的名称
Address	10	设定标准 I/O 板在总线中的地址

具体操作步骤如图 2 – 6 ~ 图 2 – 15 所示。

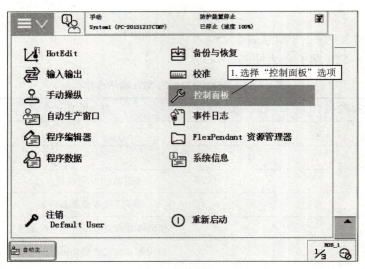

图 2 – 6　选择"控制面板"选项

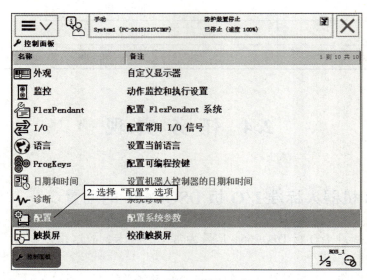

图 2 – 7　选择"配置"选项

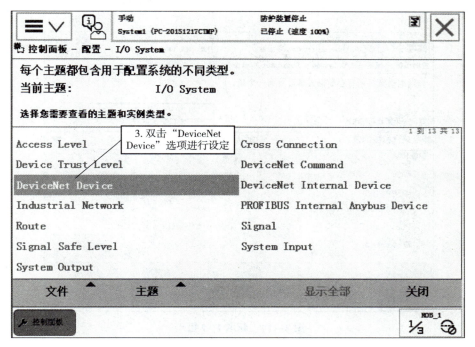

图 2 - 8　双击"DeviceNet Device"选项进行设定

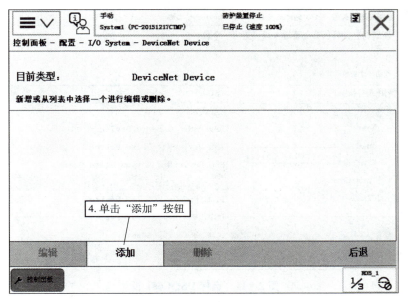

图 2 - 9　单击"添加"按钮

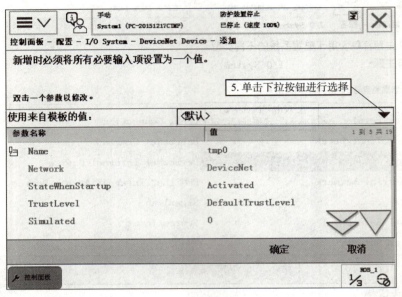

图 2-10　新增 I/O 板卡

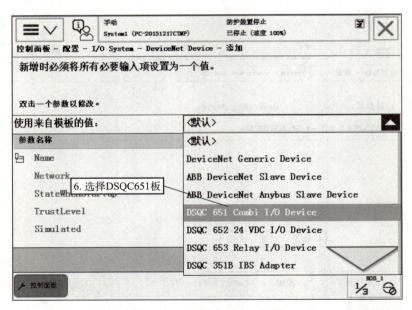

图 2-11　选择 DSQC651 板

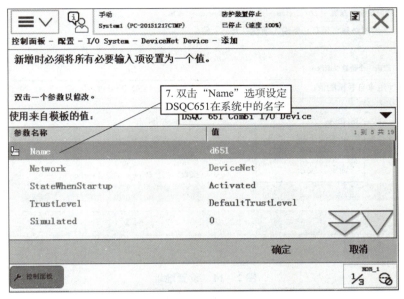

图 2 - 12　设定 DSQC651 在系统中的名字

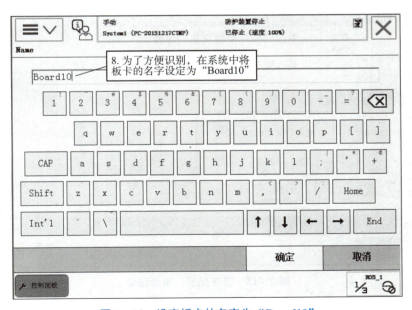

图 2 - 13　设定板卡的名字为 "Board10"

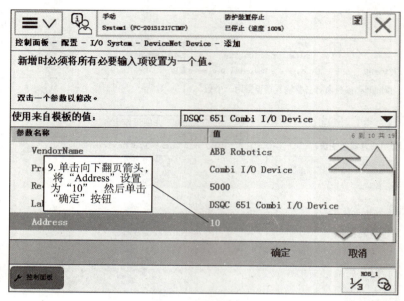

图2-14 设置地址

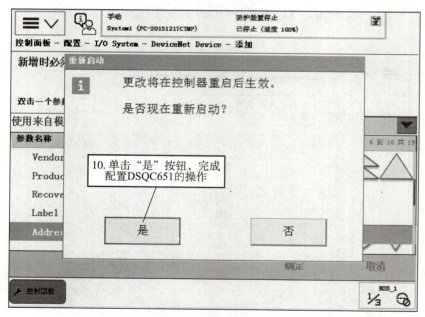

图2-15 完成配置，重新启动

2.4.2 数字输入信号 di1 的定义

数字输入信号 di1 的相关参数见表 2-15。

表 2 – 15　数字输入信号 di1 的相关参数

参数名称	设定值	说明
Name	di1	设定数字输入信号的名称
Type of Signal	Digital input	设定信号的类型
Assigned to Device	Board10	设定信号所在的 I/O 板
Device Address	0	设定信号所占用的地址

具体操作步骤如图 2 – 16 ~ 图 2 – 27 所示。

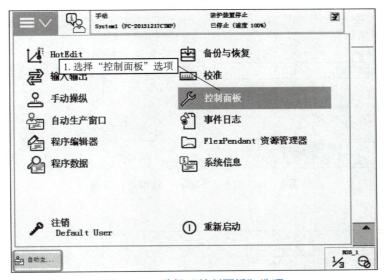

图 2 – 16　选择"控制面板"选项

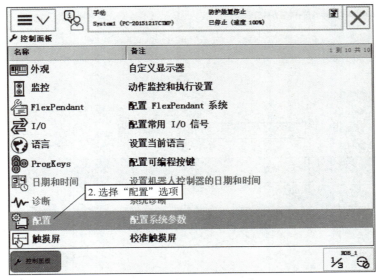

图 2 – 17　选择"配置"选项

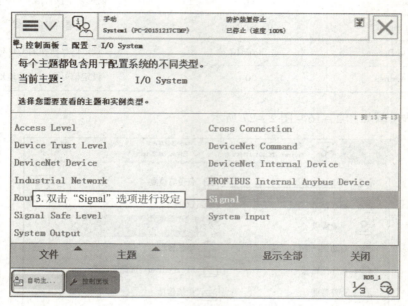

图 2-18　双击"Signal"选项进行设定

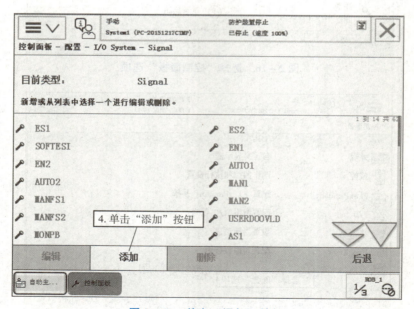

图 2-19　单击"添加"按钮

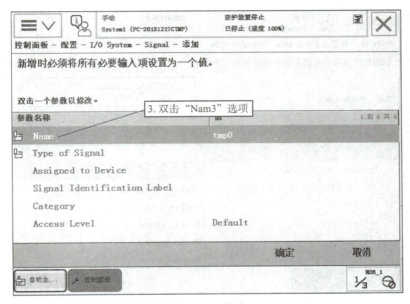

图 2-20　命名

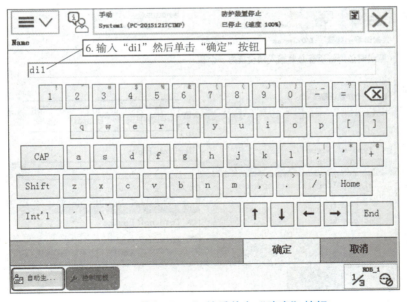

图 2-21　输入"di1"然后单击"确定"按钮

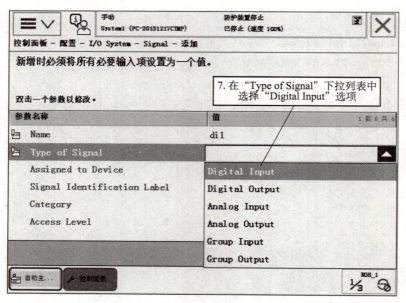

图 2 – 22　选择"Digital Input"选项

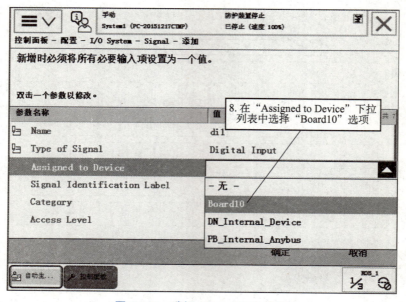

图 2 – 23　选择"Board10"选项

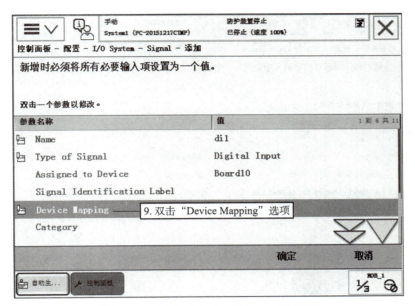

图 2 – 24　双击 "Device Mapping" 选项

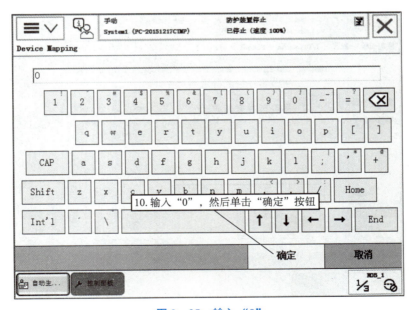

图 2 – 25　输入 "0"

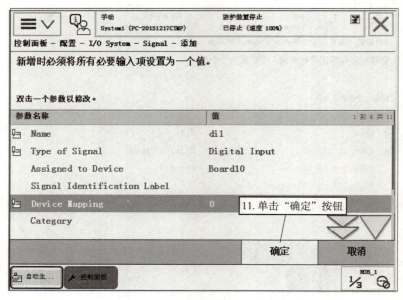

图 2－26　单击"确定"按钮

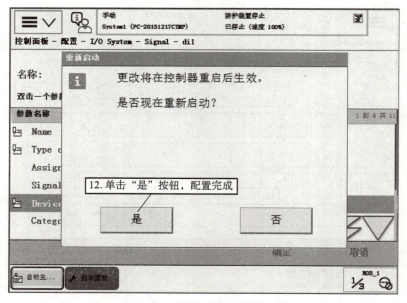

图 2－27　配置完成，重新启动

2.4.3   数字输出信号 do1 的定义

数字输出信号 do1 的相关参数见表 2−16。

表 2−16   数字输出信号 do1 的相关参数

参数名称	设定值	说明
Name	do1	设定数字输出信号的名称
Type of Signal	Digital Output	设定信号的类型
Assigned to Device	Board10	设定信号所在的 I/O 板
Device Address	32	设定信号所占用的地址

具体操作步骤如图 2−28～图 2−39 所示。

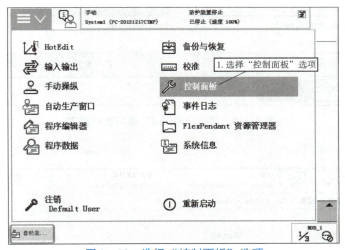

图 2−28   选择"控制面板"选项

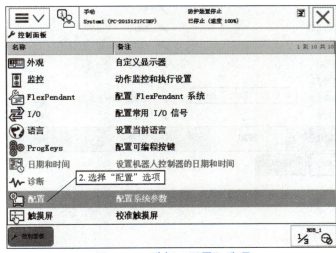

图 2−29   选择"配置"选项

63

图2-30 双击"Signal"选项进行设定

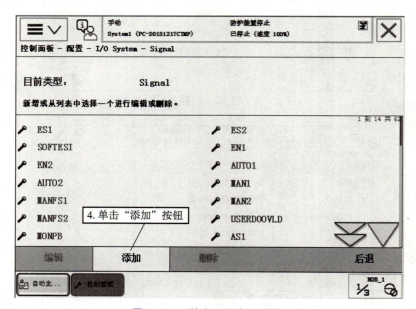

图2-31 单击"添加"按钮

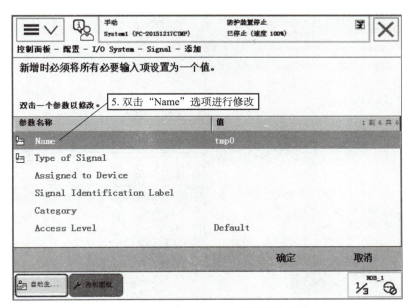

图 2－32　双击"Name"选项进行修改

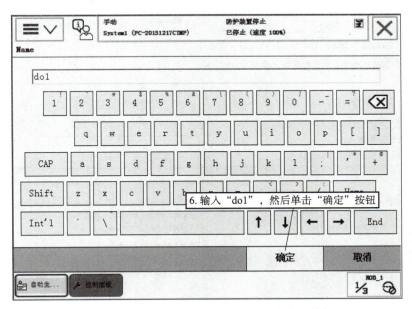

图 2－33　输入"do1"，然后单击"确定"按钮

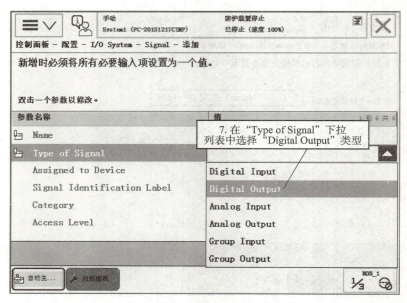

图 2 −34　选择"Digital Output"类型

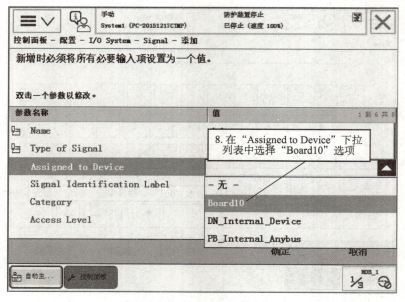

图 2 −35　选择"Board10"选项

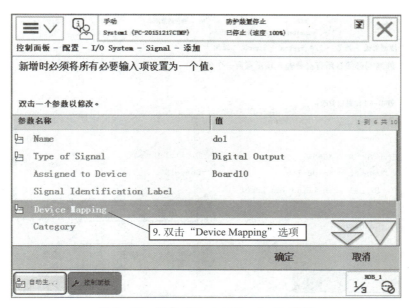

图 2 – 36　双击"Device Mapping"选项

图 2 – 37　输入"32"

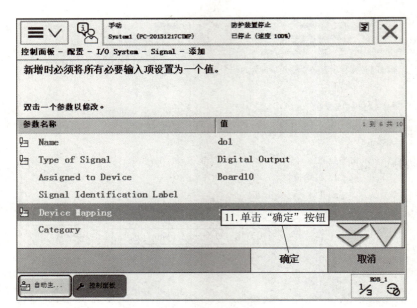

图 2-38　单击"确定"按钮

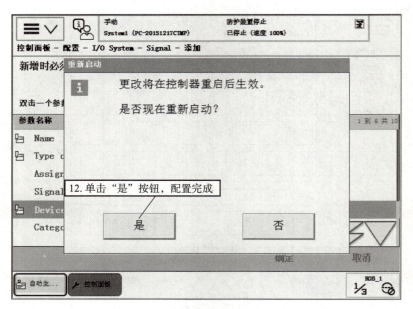

图 2-39　配置完成，重新启动

2.4.4　组合输入信号 gi1 的定义

组合输入信号就是将几个数字输入信号组合起来使用，用于接受外围设备 BCD 码的十进制数的输入。

组合输入信号 gi1 的相关参数和状态见表 2 – 17、表 2 – 18。

表 2 – 17　组合输入信号 gi1 的相关参数

参数名称	设定值	说明
Name	gi1	设定组合输入信号的名称
Type of Signal	Group Input	设定信号的类型
Assigned to Device	Board10	设定信号所在的 I/O 板
Device Address	1 ~ 3	设定信号所占用的地址

表 2 – 18　组合输入信号 gi1 的状态

| 状态 | 地址 1 | 地址 2 | 地址 3 | 十进制数 |
	1	2	4	
状态 1	1	1	0	1 + 2 = 3
状态 2	1	1	1	1 + 2 + 3 = 7

gi1 占用地址 1 ~ 3 共 3 位，可代表十进制数 0 ~ 7，同理，如果占用 8 位，可代表十进制数 0 ~ 255。

具体操作步骤如图 2 – 40 ~ 图 2 – 51 所示。

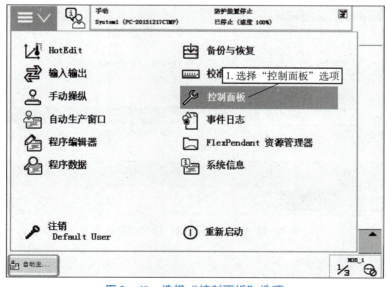

图 2 – 40　选择"控制面板"选项

图 2-41　选择"配置"选项

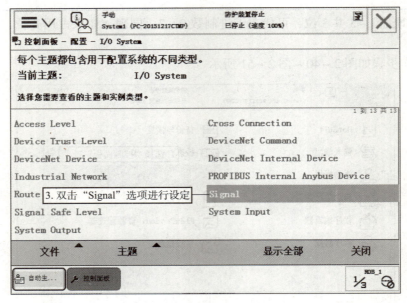

图 2-42　双击"Signal"选项进行设定

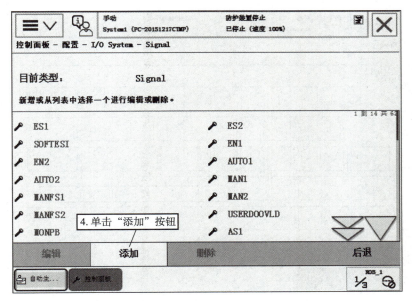

图 2－43　单击"添加"按钮

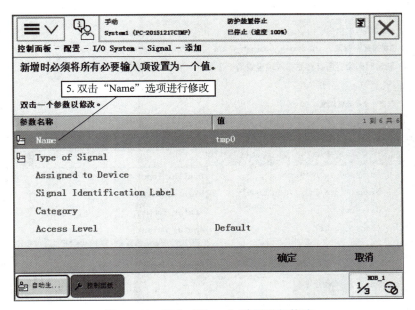

图 2－44　双击"Name"选项进行修改

图 2-45　输入"gi1"

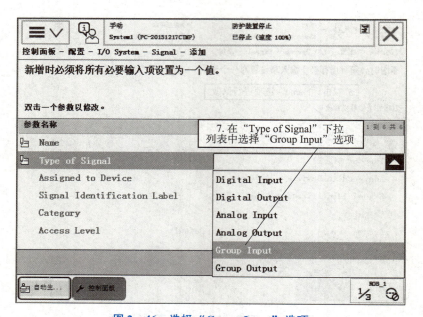

图 2-46　选择"Group Input"选项

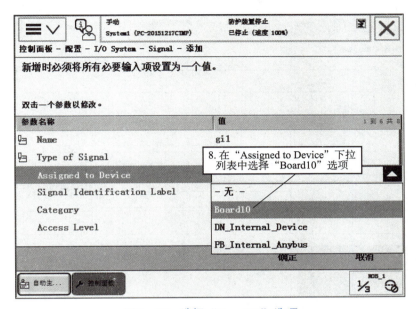

图 2 - 47　选择"Board10"选项

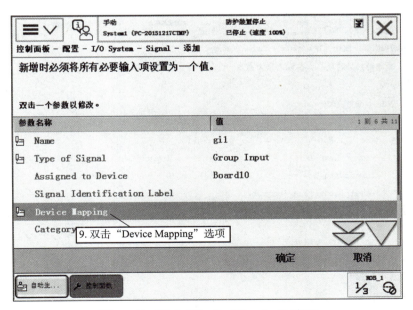

图 2 - 48　双击"Device Mapping"选项

图 2-49 输入"1-3"，然后单击"确定"按钮

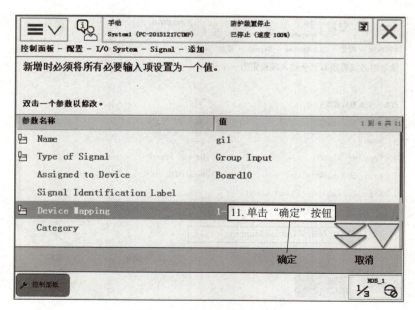

图 2-50 单击"确定"按钮

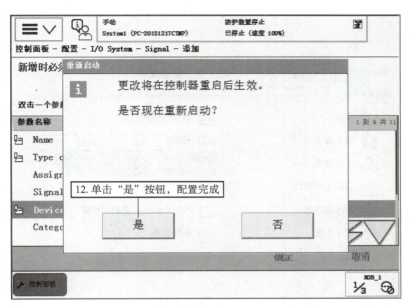

图 2-51　配置完成，重新启动

2.4.5　组合输出信号 go1 的定义

组合输出信号就是将几个数字输出信号组合起来使用，用于输出 BCD 码的十进制数。组合输出信号 go1 的相关参数和状态见表 2-19、表 2-20。

表 2-19　组合输出信号 go1 的相关参数

参数名称	设定值	说明
Name	go1	设定组合输出信号的名称
Type of Signal	Group Output	设定信号的类型
Assigned to Device	Board10	设定信号所在的 I/O 板
Device Address	1~3	设定信号所占用的地址

表 2-20　组合输出信号 go1 的状态

状态	地址 1	地址 2	地址 3	十进制数
	1	2	4	
状态 1	1	1	0	$1+2=3$
状态 2	1	1	1	$1+2+3=7$

go1 占用地址 1~3 共 3 位，可代表十进制数 0~7，同理，如果占用 8 位，可代表十进制数 0~255。

具体操作步骤如图 2-52~图 2-63 所示。

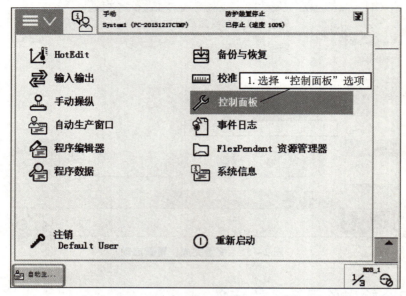

图 2-52　选择"控制面板"选项

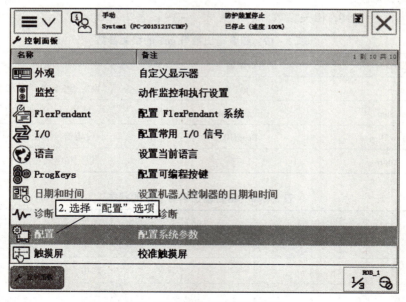

图 2-53　选择"配置"选项

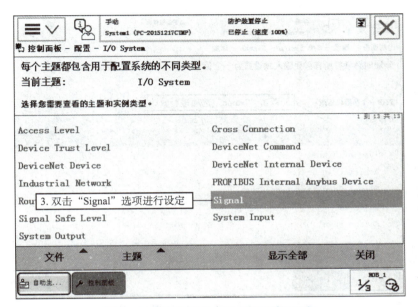

图 2-54　双击"Signal"选项进行设定

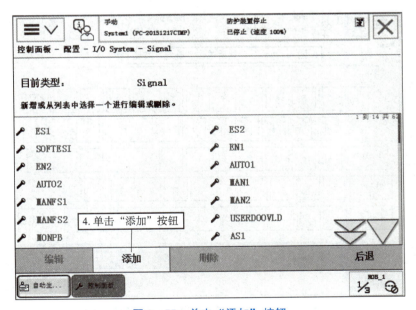

图 2-55　单击"添加"按钮

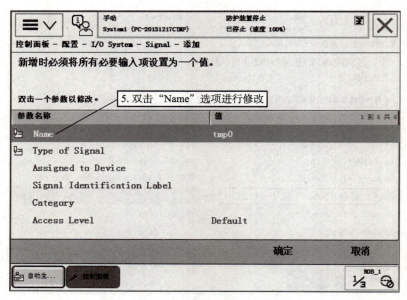

图 2-56 双击"Name"选项进行修改

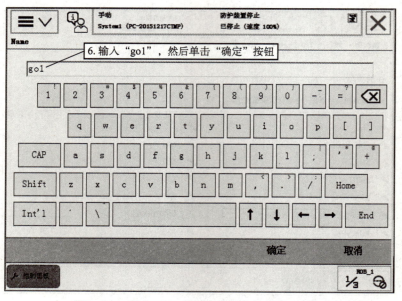

图 2-57 输入"go1"，然后单击"确定"按钮

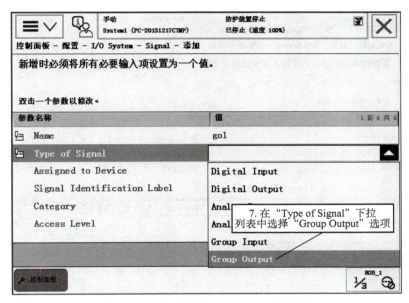

图 2-58　选择"Group Output"选项

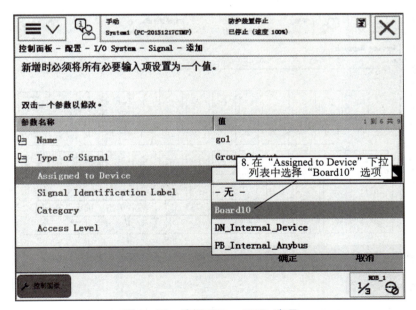

图 2-59　选择"Board10"选项

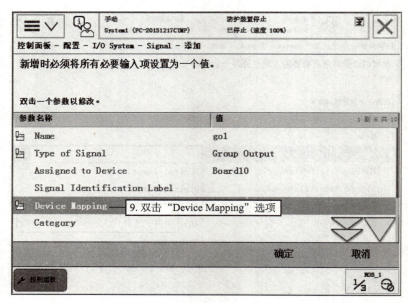

图 2-60　双击"Device Mapping"选项

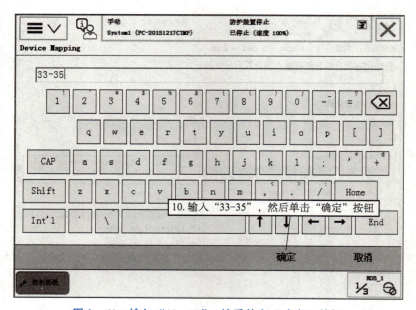

图 2-61　输入"33-35"，然后单击"确定"按钮

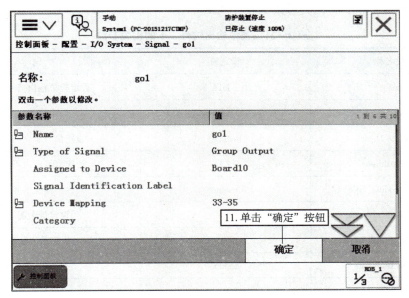

图 2-62 单击"确定"按钮

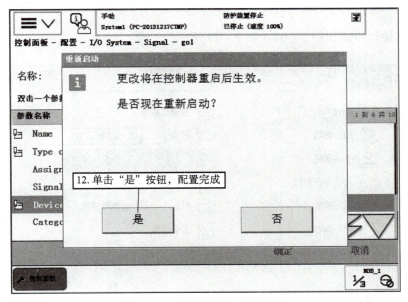

图 2-63 配置完成，重新启动

2.4.6　模拟输出信号 ao1 的定义

模拟输出信号 ao1 的相关参数见表 2 –21。

表 2 –21　模拟输出信号 ao1 的相关参数

参数名称	设定值	说明
Name	do1	设定模拟输出信号的名称
Type of Signal	Digital Output	设定信号的类型
Assigned to Device	Board10	设定信号所在的 I/O 板
Device Address	0 ~ 15	设定信号所占用的地址
Analog Encoding Type	Unsigned	设定模拟信号属性
Maximum Logical Value	10	设定最大逻辑值
Maximum Physical Value	10	设定最大物理值
Maximum Bit Value	65535	设定最大位值
Minimum Logical Value	0	设定最小逻辑值
Minimum Physical Value	0	设定最小物理值
Minimum Bit Value	0	设定最小位值

具体操作步骤如图 2 –64 ~ 图 2 –79 所示。

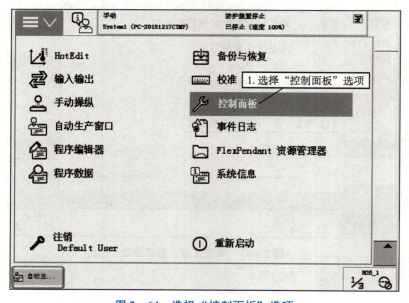

图 2 –64　选择"控制面板"选项

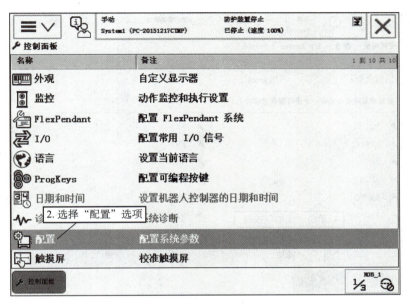

图 2-65　选择"配置"选项

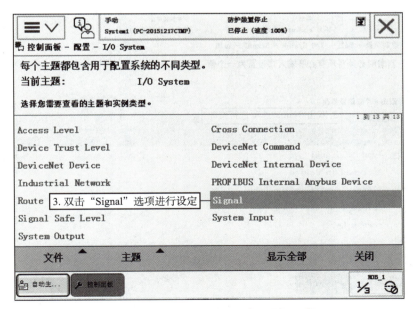

图 2-66　双击"Signal"选项进行设定

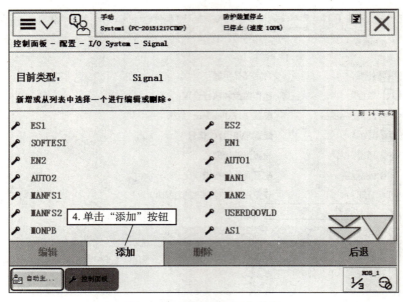

图2-67　单击"添加"按钮

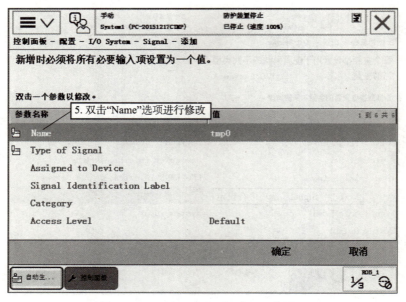

图2-68　双击"Name"选项进行修改

图 2-69 输入 "go1"，然后单击 "确定" 按钮

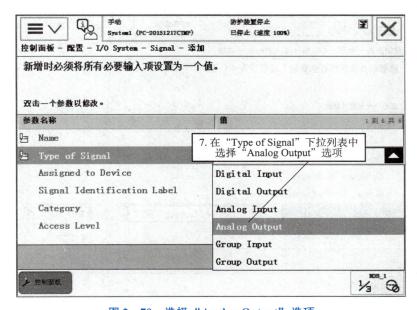

图 2-70 选择 "Analog Output" 选项

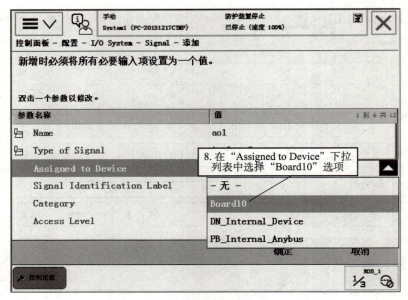

图2-71 选择"Board10"选项

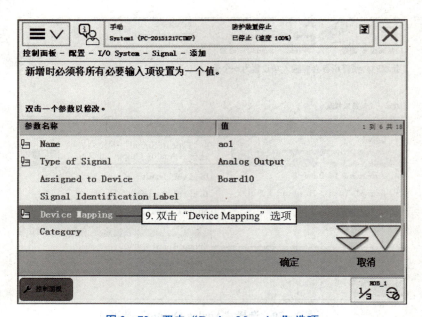

图2-72 双击"Device Mapping"选项

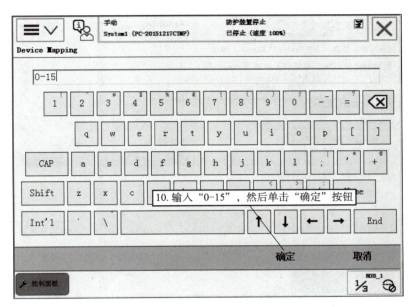

图 2 –73 输入"0 – 15",然后单击"确定"按钮

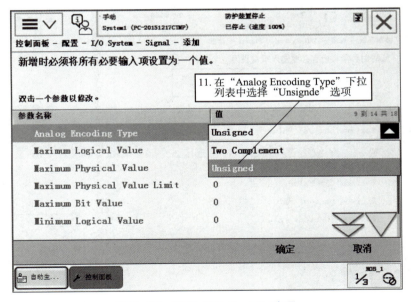

图 2 –74 选择"Unsignde"选项

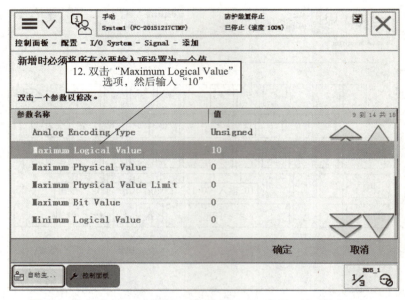

图 2-75 双击"Maximum Logical Value"选项，然后输入"10"

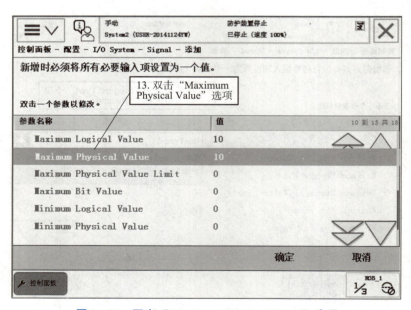

图 2-76 双击"Maximum Physical Value"选项

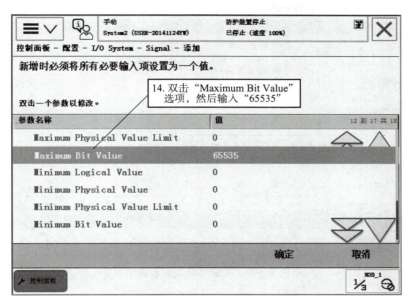

图 2 – 77　双击"**Maximum Bit Value**"选项

"Minimum Logical Value""Minimum Physical Value""Minimum Bit Value"根据实际情况输入，此处输入默认数值"0"。

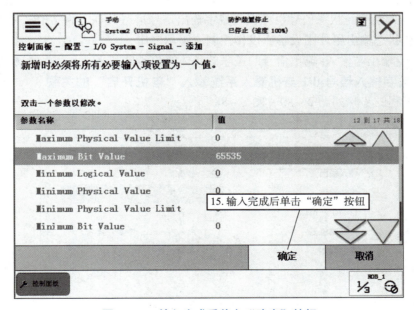

图 2 – 78　输入完成后单击"确定"按钮

图2-79　配置完成，重新启动

2.4.7　系统输入/输出与输入/输出信号的关联

将数字输入与系统输入信号关联起来，就可以很方便地对机器人ABB系统进行控制，例如ABB机器人电动机上电、程序初始化等。

ABB机器人系统的状态信号也可以与数字输出信号进行关联，将ABB机器人的系统状态输出给外围设备，以作控制或警示之用。

系统输入/输出与输入/输出信号的关联的具体操作步骤如下。

系统输入/输出
与信号的关联

1. 建立数字输入信号di1与机器人系统输入"电机开启"的关联

该操作过程的步骤如图2-80~图2-88所示。

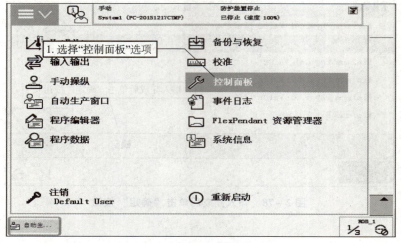

图2-80　选择"控制面板"选项

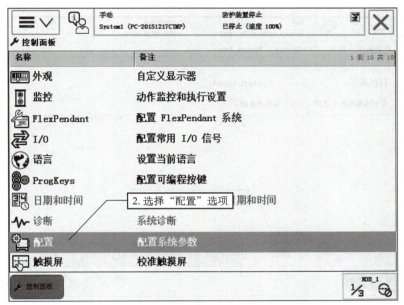

图 2-81　选择"配置"选项

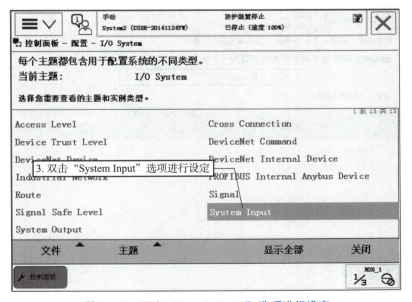

图 2-82　双击"System Input"选项进行设定

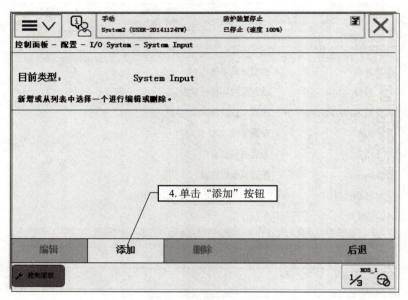

图 2-83 单击"添加"按钮

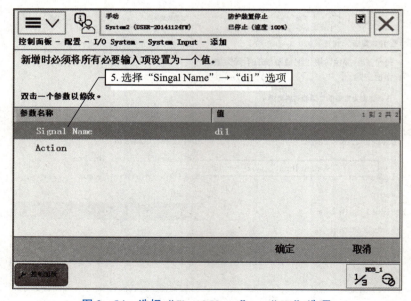

图 2-84 选择"Singal Name"→"di1"选项

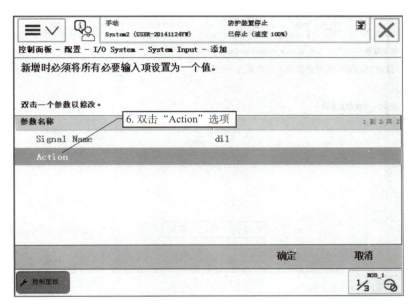

图 2-85　双击"Action"选项

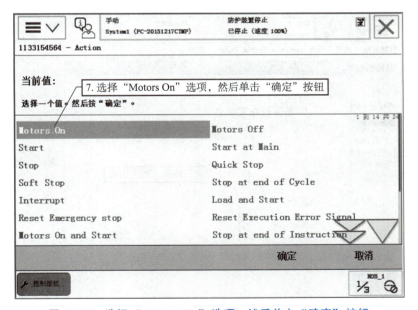

图 2-86　选择"Motors On"选项,然后单击"确定"按钮

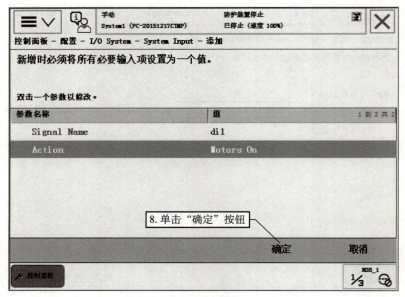

图2-87　单击"确定"按钮

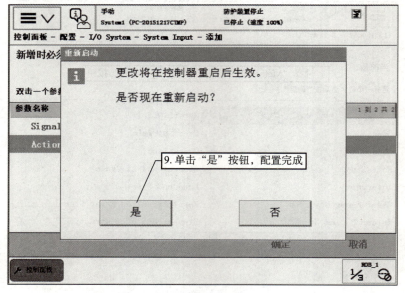

图2-88　配置完成，重新启动

2. 建立系统输出"机器人紧急停止"与数字输出信号 do1 的关联

该操作过程的步骤如图 2 – 89 ~ 图 2 – 96 所示。

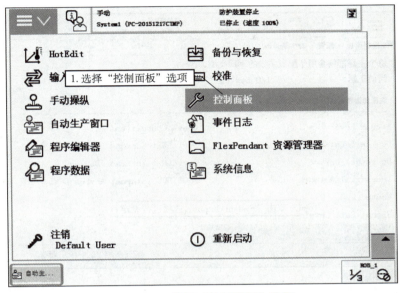

图 2 – 89　选择"控制面板"选项

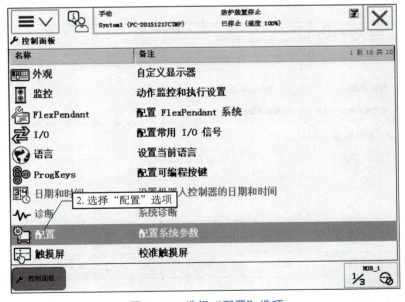

图 2 – 90　选择"配置"选项

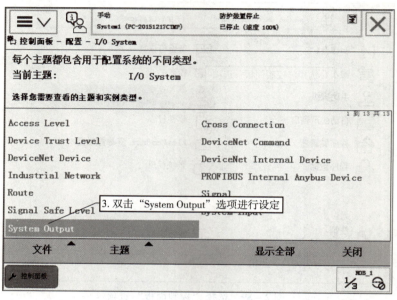

图2-91 双击"System Output"选项进行设定

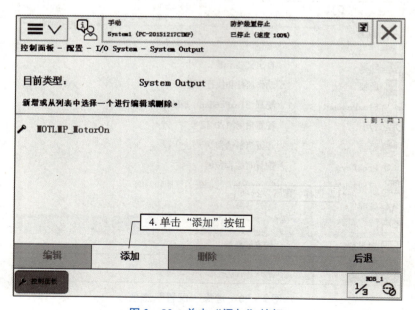

图2-92 单击"添加"按钮

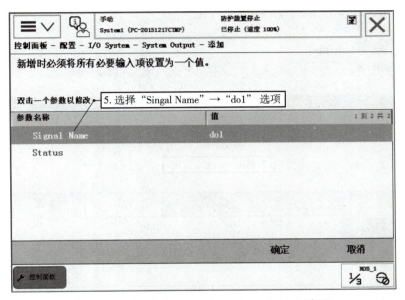

图 2-93   选择 "Singal Name" → "do1" 选项

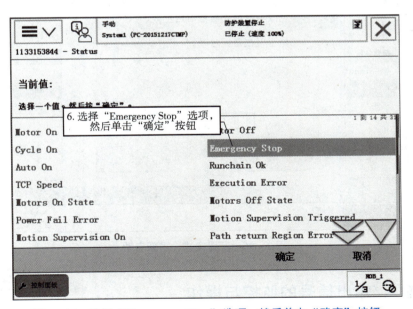

图 2-94   选择 "Emergency Stop" 选项，然后单击 "确定" 按钮

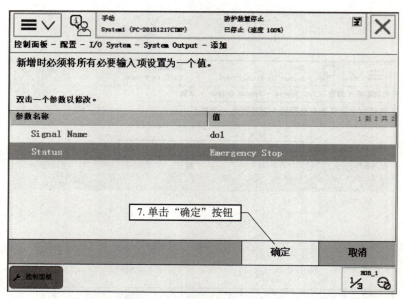

图2-95 单击"确定"按钮

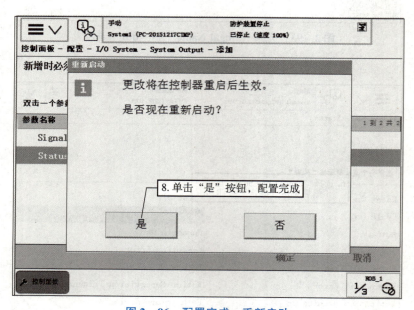

图2-96 配置完成，重新启动

2.4.8 输入/输出信号的监控与操作

前面对输入/输出的定义进行了详细的讲解，现在介绍如何对输入/输出信号进行监控与操作。

具体操作步骤如图2-97~图2-103所示。

I/O信号的监控与可编程按钮的使用

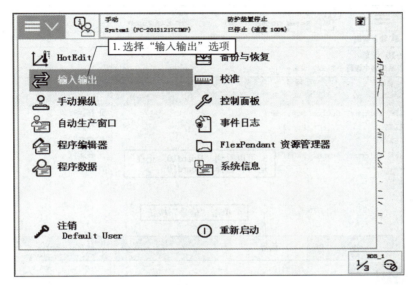

图 2 - 97　选择"输入输出"选项

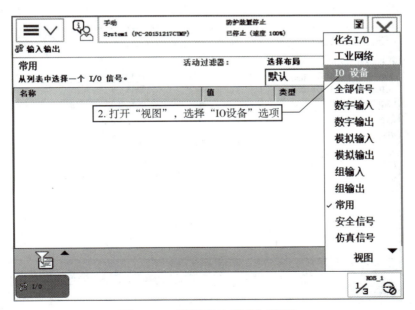

图 2 - 98　选择"IO 设备"选项

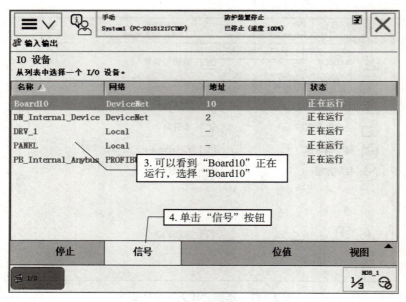

图2－99　选择"Board10"

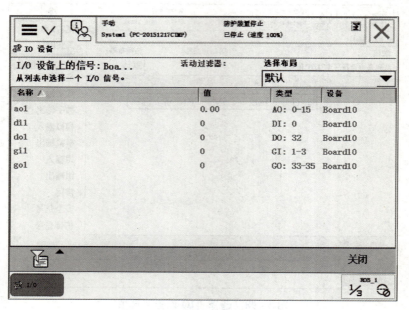

图2－100　监控输入/输出信号

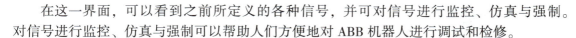

在这一界面，可以看到之前所定义的各种信号，并可对信号进行监控、仿真与强制。对信号进行监控、仿真与强制可以帮助人们方便地对 ABB 机器人进行调试和检修。

1. 对 di1 进行仿真操作

仿真输入/输出信号如图 2 – 101 所示，消除仿真如图 102 所示。

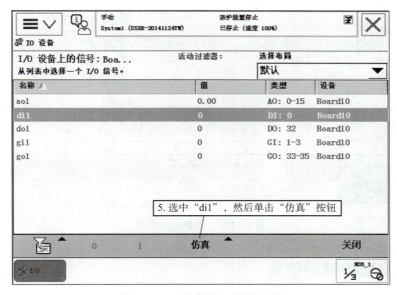

图 2 – 101　仿真输入/输出信号

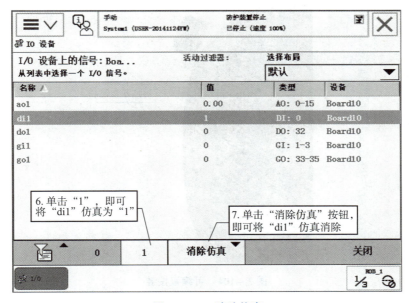

图 2 – 102　消除仿真

2. 对 do1 进行强制操作

强制输出信号如图 2 – 103 所示。

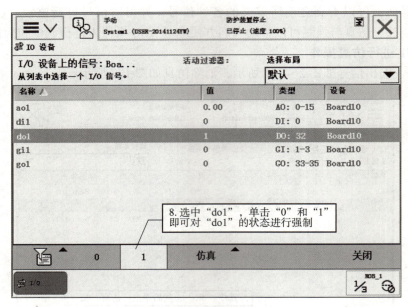

图2-103　强制输出信号

2.4.9　可编程按键的使用

可编程按键如图2-104所示。

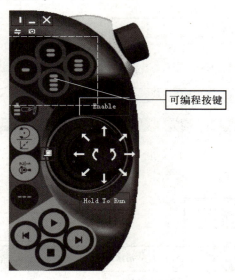

图2-104　可编程按键

示教器上有4个可编程按键可以分配需要快捷控制的输入/输出信号，在调试和维修时可以快捷地对输入/输出信号进行强制和仿真操作。

下面具体介绍配置可编程按键的方法，以可编程按键1配置数字输出信号 do1 为例，如图2-105～图2-109所示。

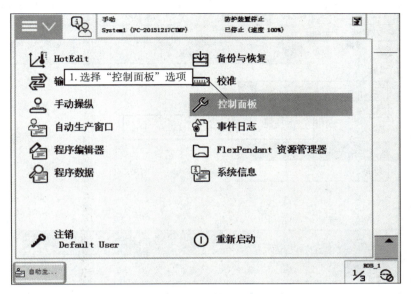

图 2 – 105　选择"控制面板"选项

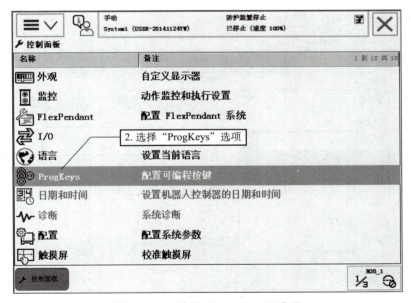

图 2 – 106　选择"ProgKeys"选项

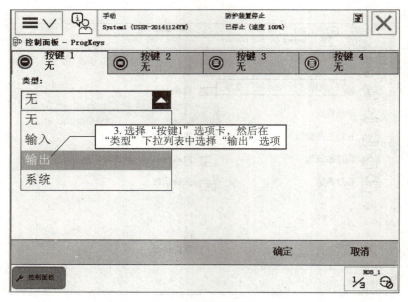

图 2-107　选择类型

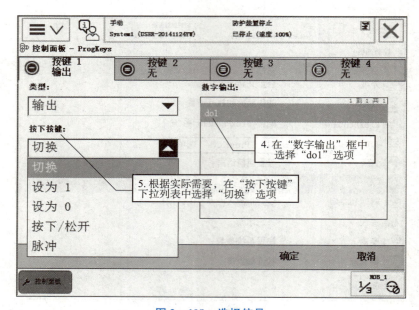

图 2-108　选择信号

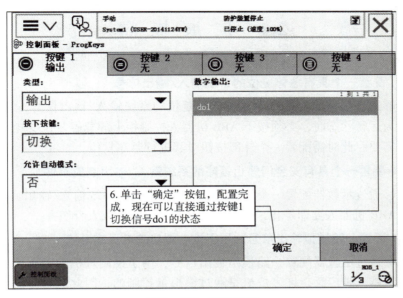

图 2-109　配置完成

2.5　考　核　评　价

任务 2.1　在系统中配置标准 I/O 板，并定义输入/输出信号

要求：能清楚描述 ABB 机器人常用标准 I/O 板的种类及适用范围，能通过示教器熟练地配置 ABB 机器人标准 I/O 板，并定义输入/输出信号，能用专业语言正确流利地展示配置的基本步骤，思路清晰、有条理，能圆满地回答老师与同学提出的问题，并能提出一些新的建议。

任务 2.2　调用 I/O 单元界面，对输入/输出信号进行监控与操作

要求：能通过示教器熟练地调用 I/O 单元界面，并对输入/输出信号进行监控与操作，外接一个指示灯，要求能够使用示教器对其进行强制"点亮"和"熄灭"，能用专业语言正确流利地展示配置的基本步骤，思路清晰、有条理，能圆满地回答老师与同学提出的问题，并能提出一些新的建议。

任务 2.3　配置系统输入/输出与输入/输出信号的关联

要求：能够通过示教器将 ABB 机器人系统输入/输出与输入/输出信号进行关联，通过一个外部按钮将 ABB 机器人的程序复位（即程序从 main 处执行），能用专业语言正确流利地展示配置的基本步骤，思路清晰、有条理，能圆满地回答老师与同学提出的问题，并能提出一些新的建议。

2.6 扩展提高

任务2.4　配置一个具有急停复位的系统输入/输出信号

要求：能够通过示教器配置一个具有急停复位的系统输入/输出信号，当ABB机器人由急停状态转为运行状态时，必须按下ABB机器人控制柜上的急停复位（电动机上电）按钮，由于工作需要，此时需配置一个外部按钮对其进行急停复位。

任务2.5　配置一个具有安全门停止策略的系统输入/输出响应事件

要求：能够通过示教器配置一个具有安全门停止策略的系统输入/输出响应事件，当安全门打开时，ABB机器人立即停止，防止非专业人员闯入造成人身伤害。

任务2.6　配置一路模拟输出信号，用于控制焊机的电压或电流

要求：能够通过示教器配置一路模拟输出信号，用于控制焊机的电压或电流。ABB机器人焊接的应用越来越广泛，许多焊机是通过模拟量控制的，因此配置一路模拟输出信号并对其进行监控与操作。

项目三

ABB 机器人程序数据设定

3.1　项　目　描　述

本项目的主要学习内容包括：了解什么是程序数据，了解程序数据的类型与存储方式，了解程序数据的建立方法、常用的程序数据及说明、3 个重要程序数据（工具数据 tooldata、工件坐标 wobjdata、有效载荷 loaddata）的建立。

3.2　教　学　目　的

通过本项目的学习让学生了解什么是程序数据，了解程序数据的类型与存储方式，了解如何通过示教器建立程序数据，了解如何通过示教器创建一个位置数据并示教保存，了解如何通过示教器设定一个完整的工具数据 tooldata、工件坐标 wobjdata 和有效载荷 loaddata 等。本章的内容主要是关于机器人的程序数据，有许多操作与设定环节，学生可以按照本章所讲的设定步骤同步操作，为后续的程序编写打下坚实的基础。

3.3　知　识　准　备

程序数据的介绍

3.3.1　什么是程序数据

程序数据是在程序模块或系统模块中设定的值和定义的一些环境数据。创建的程序数据由同一个模块或其他模块中的指令引用。下面看一条 ABB 机器人的线性运动指令（MoveL），如图 3－1 所示，此指令中调用了 4 个程序数据。

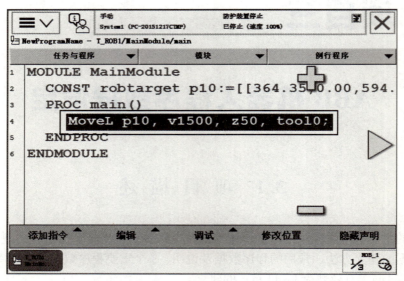

图 3-1　在指令中查看程序数据

图 3-1 中所使用的程序数据说明见表 3-1。

表 3-1　程序数据说明

程序数据	数据类型	说明
p10	robtarget	ABB 机器人运动目标位置数据
v1500	speeddata	ABB 机器人运动速度数据
z50	zonedata	ABB 机器人运动转弯数据
tool0	tooldata	ABB 机器人工具数据

3.3.2　了解程序数据的类型与存储方式

1. 程序数据的类型

ABB 机器人的程序数据共有 102 个，并且可以根据实际情况进行程序数据的建立。在示教器的"程序数据"窗口可以查看和创建所需要的程序数据，如图 3-2 所示。

2. 程序数据的存储方式

1）变量 VAR

变量型数据在程序执行的过程中和停止时，会保持当前的值，但如果程序指针被移到主程序，数值将丢失。

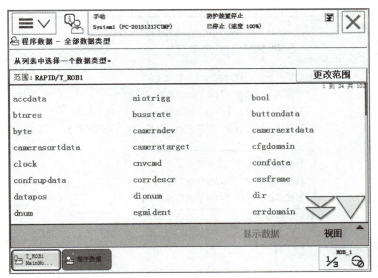

图 3－2　"程序数据"窗口

举例说明：

> VAR num Robot：=0；名称为 Robot 的数字型数据
>
> VAR string name：="Create"；名称为 name 的字符型数据
>
> VAR bool YESorNO：=TRUE；名称为 YESorNO 的布尔型数据

其在程序编辑窗口中如图 3－3 所示。

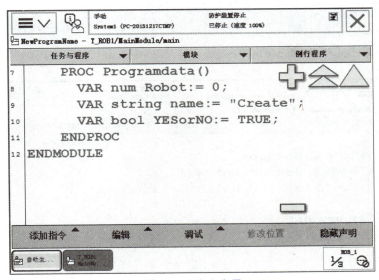

图 3－3　定义变量

说明：VAR 表示存储类型（变量），num 表示程序数据类型（数字型），两者容易混淆。

在定义数据时，可以定义变量的初始值，在 ABB 机器人执行的 RAPID 程序中也可以对变量存储类型的程序数据进行赋值操作，如图 3－4 所示。

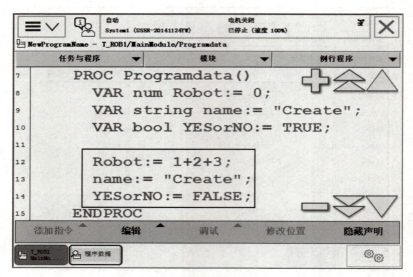

图 3-4 对变量存储类型的程序数据进行赋值操作

在 RAPID 程序中执行变量型程序数据的赋值，在指针复位后将其恢复为初始值。

2）可变量 PERS

可变量的最大特点就是无论程序怎样执行，都将保持最后被赋予的值，这也是它与变量的最大区别。

举例说明：

PERS num nCount：= 1；名称为 nCount 的数字型数据

PERS string Hello：= "success"；名称为 Hello 的字符型数据

其在程序编辑窗口中如图 3-5 所示。

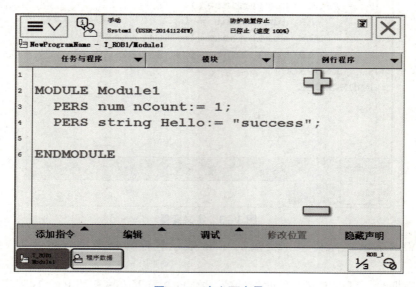

图 3-5 定义可变量

在定义数据时，可以定义可变量的初始值，在 ABB 机器人执行的 RAPID 程序中也可以对可变量存储类型的程序数据进行赋值操作，如图 3 – 6 所示。

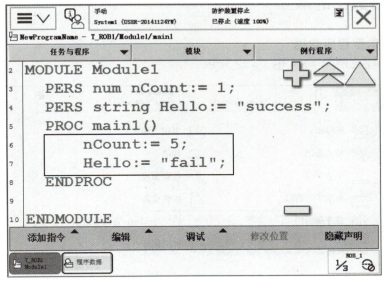

图 3 – 6　对可变量存储类型的程序数据进行赋值操作

3）常量 CONST
常量的特点是在定义时已对其赋予了数值，并不能在程序中修改，除非重新定义。
举例说明：

CONST num height：= 10；名称为 height 的数字型数据

CONST string Hello：="success"；名称为 Hello 的字符型数据

其在程序编辑窗口中如图 3 – 7 所示。

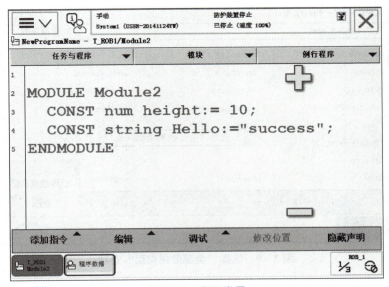

图 3 – 7　定义常量

111

存储类型为常量的程序数据，不能够在程序中进行赋值操作。

3.3.3 程序数据的建立

1. 建立布尔型程序数据

具体操作步骤如图3-8~图3-12所示。

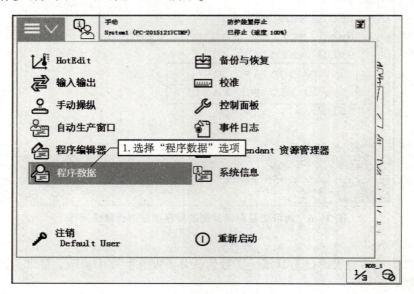

图3-8 选择"程序数据"选项

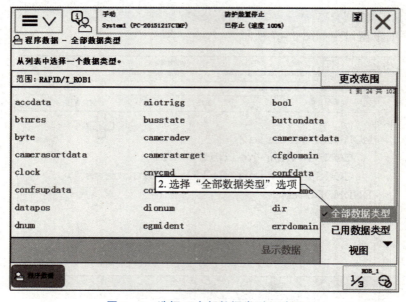

图3-9 选择"全部数据类型"选项

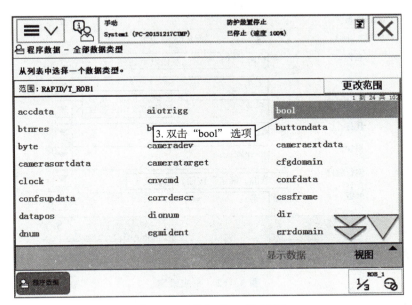

图 3 – 10　双击"bool"选项

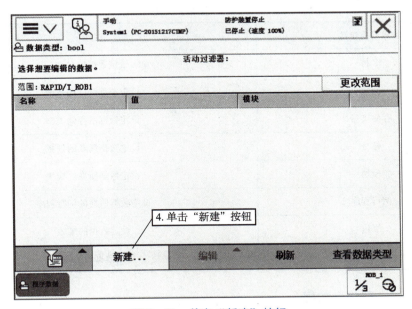

图 3 – 11　单击"新建"按钮

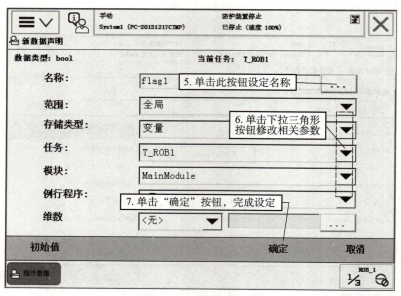

图 3-12 完成设定

数据设定参数及说明见表 3-2。

表 3-2 数据设定参数及说明

数据设定参数	说明
名称	设定数据的名称
范围	设定数据的使用范围
存储类型	设定数据的存储类型
任务	设定数据所在的任务
模块	设定数据所在的模块
例行程序	设定数据所在的例行程序
维数	设定数据的维数
初始值	设定数据的初始值

2. 建立 num 型程序数据

具体操作步骤如图 3-13 ~ 图 3-17 所示。

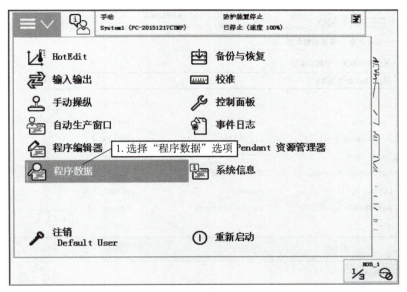

图 3-13　选择"程序数据"选项

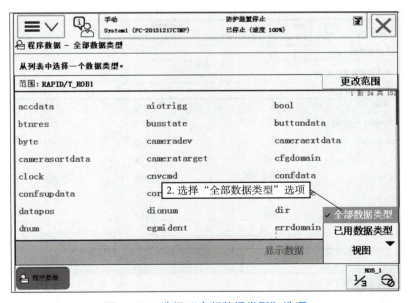

图 3-14　选择"全部数据类型"选项

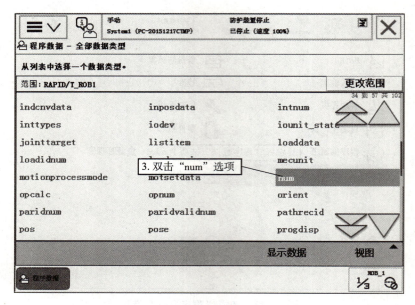

图 3－15　双击"num"选项

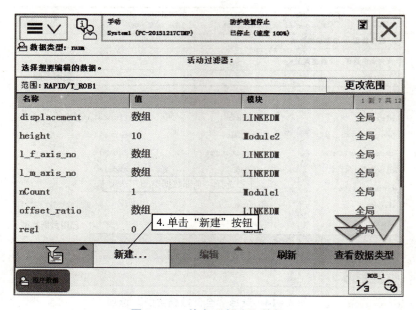

图 3－16　单击"新建"按钮

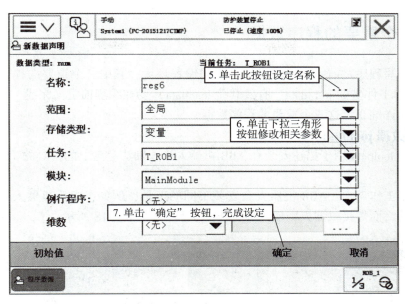

图 3 – 17 完成设定

3.3.4 常用的程序数据及说明

根据不同的要求，需定义不同的程序数据。表 3 – 3 所示是 ABB 机器人系统常用的程序数据。

表 3 – 3 常用的程序数据及说明

程序数据	说明	程序数据	说明
bool	布尔型	byte	整数数据 0 ~ 255
clock	计时数据	dionum	数字输入/输出信号
extjoint	外轴位置数据	intnum	中断标志符
iodev	串口数据	jointtarget	关节位置数据
loaddata	有效负载	num	数值数据
orient	姿态数据	pos	位置数据
pose	坐标转换	robjoint	ABB 机器人轴角度数据
robtarget	ABB 机器人与外轴的位置数据	speeddata	ABB 机器人与外轴的速度数据
string	字符数据	tooldata	工具数据
trapdata	中断数据	wobjdata	工件坐标
zonedata	转弯半径数据	—	—

3.3.5　三个重要的程序数据

在正式编写程序之前，必须搭建好必要的编程环境，其中三个重要的程序数据（工具数据 tooldata、工件坐标 wobjdata、有效载荷 loaddata）要在编程前定义完成，以便满足编程的需要。下面详细介绍这三个重要的程序数据。

1. 工具数据 tooldata

工具数据 tooldata 用于描述安装在 ABB 机器人第 6 轴法兰盘上的工具的 TCP、质量、重心等参数。

一般根据工作需求，ABB 机器人会安装不同的工具，例如，搬运机器人使用吸盘或者夹具作为工具，而焊接机器人则使用焊枪作为工具，如图 3 – 18 所示。

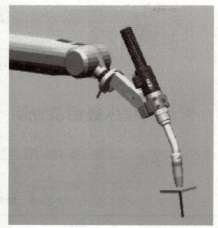

图 3 – 18　法兰盘上安装的工具

默认工具的 TCP 位于 ABB 机器人第 6 轴法兰盘的中心，如图 3 – 19 所示。图中箭头所指的地方就是原始的 TCP。

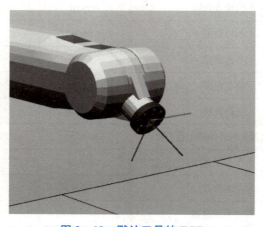

图 3 – 19　默认工具的 TCP

所有 ABB 机器人在手腕处都有一个预定义工具坐标系，该坐标系被称为 tool0。这样就能将一个或多个新工具坐标系定义为 tool0 的偏移值。

2. 工件坐标 wobjdata

工件坐标对应工件，它定义工件相对于大地坐标系或其他坐标系的位置，ABB 机器人可拥有若干个工件坐标，表示不同的工件或者同一工件在空间中的不同位置。

对 ABB 机器人进行编程就是在工件坐标系中创建目标和路径，这给编程带来很多方便：①重新定位工作站中的工件时，只需更改工件坐标，之前所有的路径即刻随之更新；②允许操作以外轴或输送链移动的工件，因为整个工件可以连同其路径一起移动。

如图 3－20 所示，A 是 ABB 机器人的大地坐标系，为了方便编程，给第一个工件建立了一个工件坐标系 B，并在这个工件坐标系 B 中进行轨迹编程。如果台子上还有一个一样的工件需要走同样的轨迹，则只需要建立一个工件坐标系 C，将工件坐标系 B 中的轨迹复制一份，并将工件坐标系更新成工件坐标系 C，无须对同样的工件进行重复性的编程，这样大大地减少了编程所花费的时间。

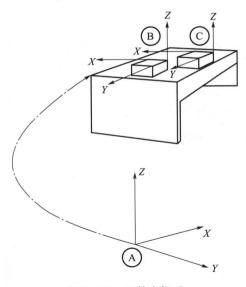

图 3－20　工件坐标系

不准确的工件坐标，使 ABB 机器人在工件对象上的 X、Y 方向上移动变得很困难，如图 3－21 所示。

准确的工件坐标，使 ABB 机器人在工件对象上的 X、Y 方向上移动变得很轻松，如图 3－22 所示。

在对象的平面上只需要定义 3 个点，就可以建立一个工件坐标系。如图 3－23 所示，$X1$ 确定工件坐标系的原点，$X1$、$X2$ 确定工件坐标系 X 轴的正方向，$Y1$ 确定工件坐标系 Y 轴的正方向。说明：X 轴与 Y 轴的交点才是工件坐标系的原点。

3. 有效载荷 loaddata

对于搬运应用的 ABB 机器人，应该正确设置工具的质量、重心以及搬运对象的质量和重心数据 loaddata，否则将缩短 ABB 机器人的寿命，如图 3－24 所示。

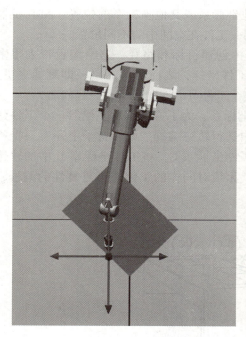

图 3 – 21　不准确的工件坐标

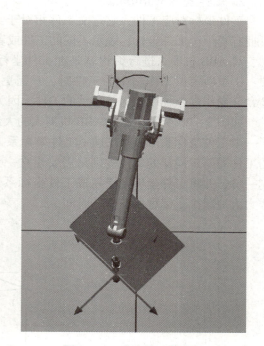

图 3 – 22　准确的工件坐标

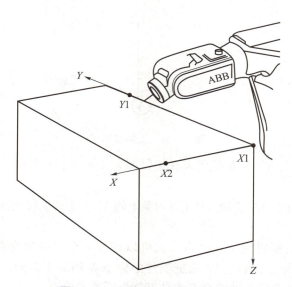

图 3 – 23　工件坐标系的设定方法

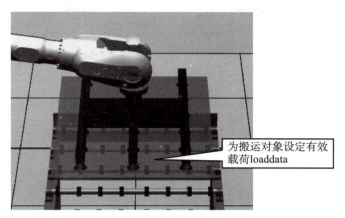

图 3 – 24　有效载荷 loaddata

3.4　任 务 实 现

3.4.1　建立一个数字型（num）数据

具体操作步骤如图 3 – 25 ~ 图 3 – 29 所示。

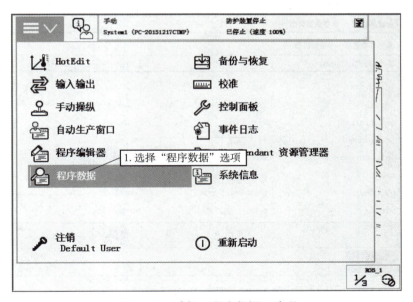

图 3 – 25　选择"程序数据"选项

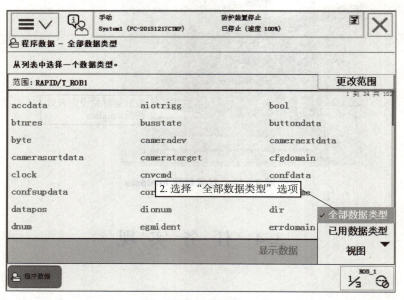

图 3 - 26　选择"全部数据类型"选项

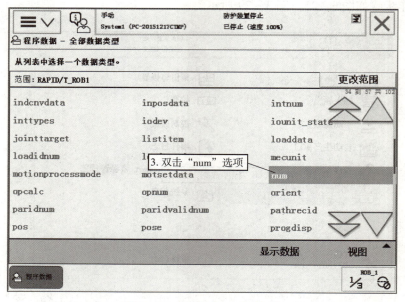

图 3 - 27　双击"num"选项

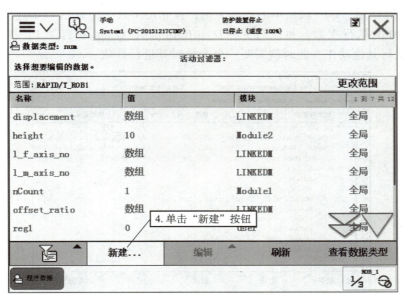

图 3 - 28　单击"新建"按钮

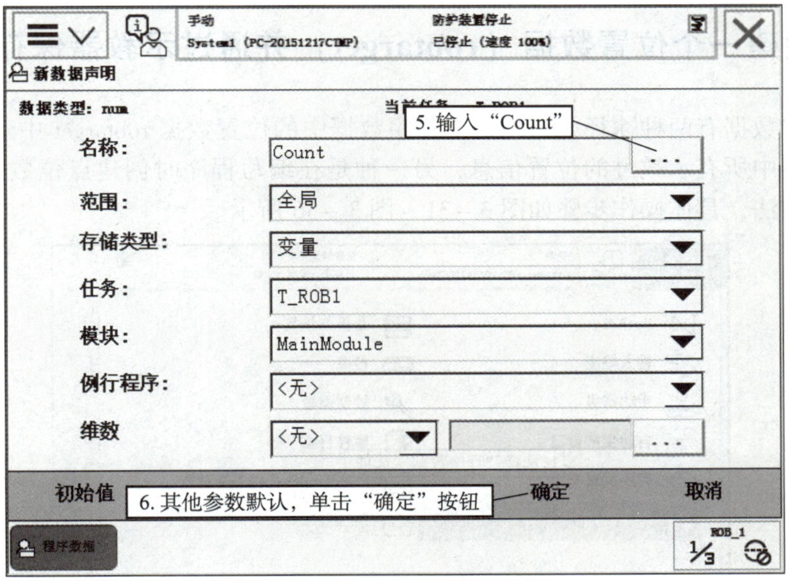

图 3 - 29　设定参数

3.4.2　程序数据在程序中的运用

如图3-30所示，以一段简单的程序为例，首先定义数字型数据 Count，该变量决定了 p10 运动到 p20 的执行次数，每执行完一次 p10 到 p20，Count 就自加1，执行完3次后，ABB 机器人执行其他动作，此时就需要一个变量对其进行计数。

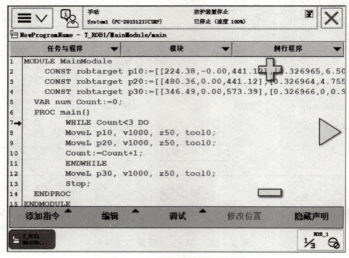

图3-30　程序数据的运用

3.4.3　创建一个位置数据（robtarget）并通过示教器保存

创建位置数据有两种途径，一种是在程序数据中的位置数据 robtarget 中建立，robtarget 中保存了程序中所有示教过的位置信息，另一种是在编写程序时创建点位数据。这里详细讲解第一种方法，具体操作步骤如图3-31~图3-36所示。

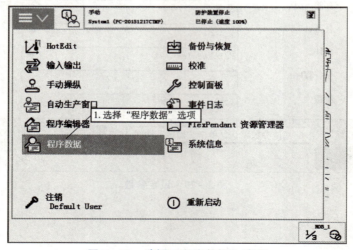

图3-31　选择"程序数据"选项

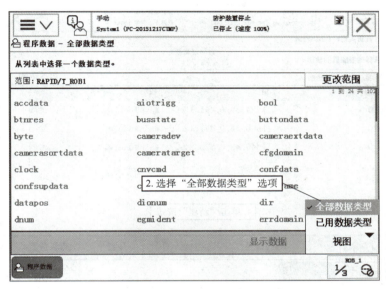

图 3 – 32　选择"全部数据类型"选项

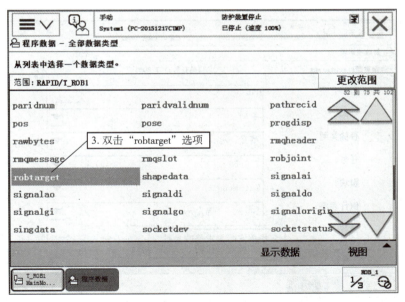

图 3 – 33　双击"robtarget"选项

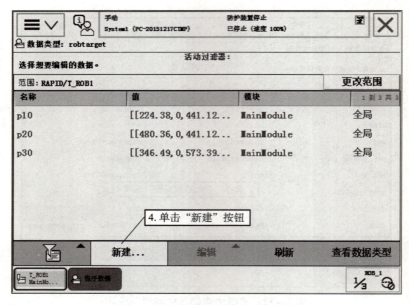

图 3 – 34　单击"新建"按钮

图 3 – 35　修改参数

通过操作示教器，将 ABB 机器人移动到指定位置，选中需要示教的点（以 p40 为例），然后在"编辑"下拉列表中选择"修改位置"选项即可。

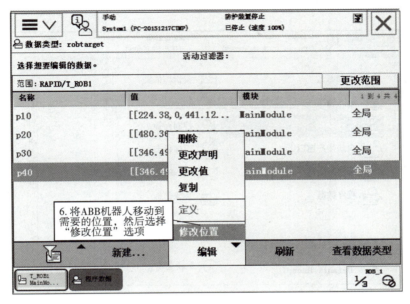

图 3－36　修改点位

3.4.4　工具数据 tooldata 的建立

TCP 的设定有两种途径：一种是找个固定的参考点进行示教；另一种则是知道工具的各参数，就可以得到相对于法兰盘上的默认工具坐标系 tool0 的 *X*、*Y*、*Z* 的偏移量，同样也能得出精确的 TCP。第二种方法常用于搬运应用的 ABB 机器人。

工具坐标 tooldata

建立工具数据 tooldata 前，先了解建立工具数据 tooldata 的方法：

（1）在 ABB 机器人的工作范围内找到一个非常精确的固定点作为参考点，最好是一个尖端。

（2）在工具上确定一个参考点，最好是 TCP。

（3）手动操作 ABB 机器人，移动工具上的参考点，以 4 种以上不同的 ABB 机器人姿态尽量与固定的参考点碰上。为了获得更精准的 TCP，下面用 6 点法进行操作，第 4 点是用工具的参考点垂直于固定点，第 5 点是工具参考点从固定点向将要设定为 TCP 的 *X* 方向移动，第 6 点是工具参考点从固定点向将要设定为 TCP 的 *Z* 方向移动。TCP 取点数量的区别：4 点法，不改变工具坐标系的方向；5 点法，改变工具坐标系的 *Z* 方向；6 点法，改变工具坐标系的 *X* 和 *Z* 方向。前面 3 个点的姿态幅度越大，TCP 的精度越高。ABB 机器人通过这些位置数据自动计算求得 TCP，并保存在 tooldata 程序数据中，需要时调用即可。

下面以 6 点法为例，建立工具数据 tooldata，如图 3－37～图 3－61 所示。

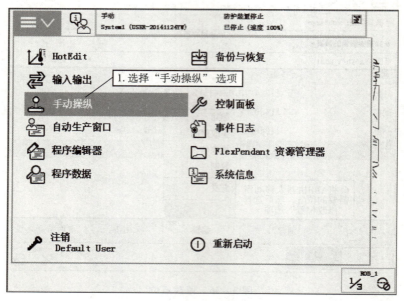

图 3 – 37　选择"手动操纵"选项

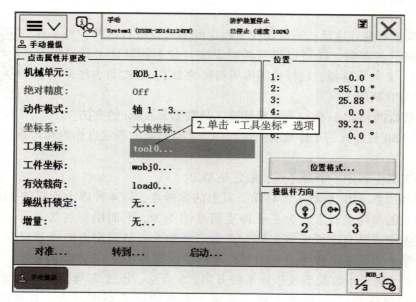

图 3 – 38　单击"工具坐标"选项

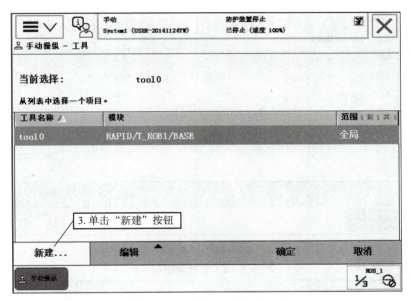

图 3 – 39　单击"新建"按钮

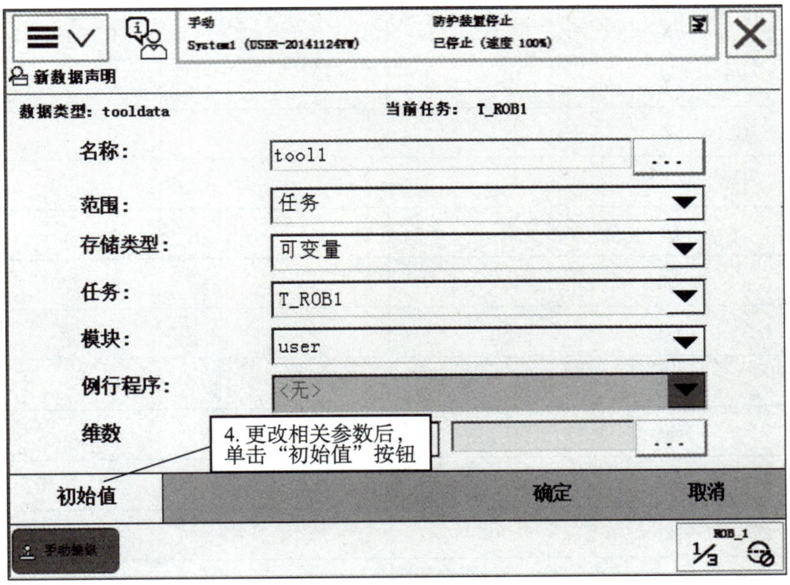

图 3 – 40　更改相关参数后，单击"初始值"按钮

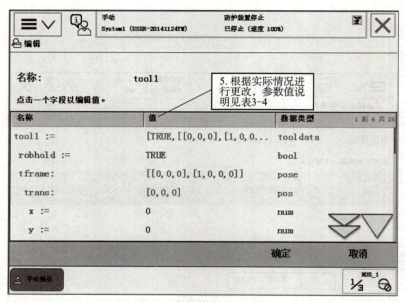

图 3-41　修改参数

表 3-4　参数值说明

参数名称	参数值
tool1	TRUE
trans	
X	0
Y	0
Z	0
rot	
Q1	1
Q2	0
Q3	0
Q4	0
mass	2
cog	
x	0
y	0
z	100
注：其余参数均为默认值。	

工具数据 tooldata 的建立包含 TCP 的建立和数据（质量、重心等）的建立。trans 为 tool1 的 TCP 相对于法兰盘上的默认工具坐标系 tool0 的 X、Y、Z 的偏移量，如果知道工具参数，就可以直接填入，如果不知道，需 TCP 示教得出。msaa 为工具的质量。cog 为工具的中心位置，这里假设为 100 mm。其余参数均为默认值。

首先确认 ABB 机器人为手动状态，然后通过示教器调整 ABB 机器人姿态，使工具上的参考点尽量与固定的参考点刚好碰上，然后选择"修改位置"选项。

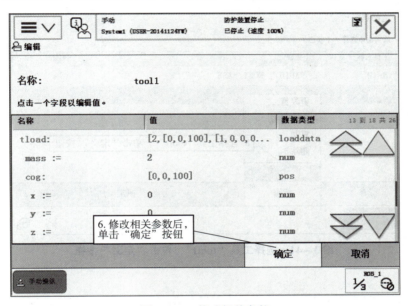

图 3 – 42 修改相关参数

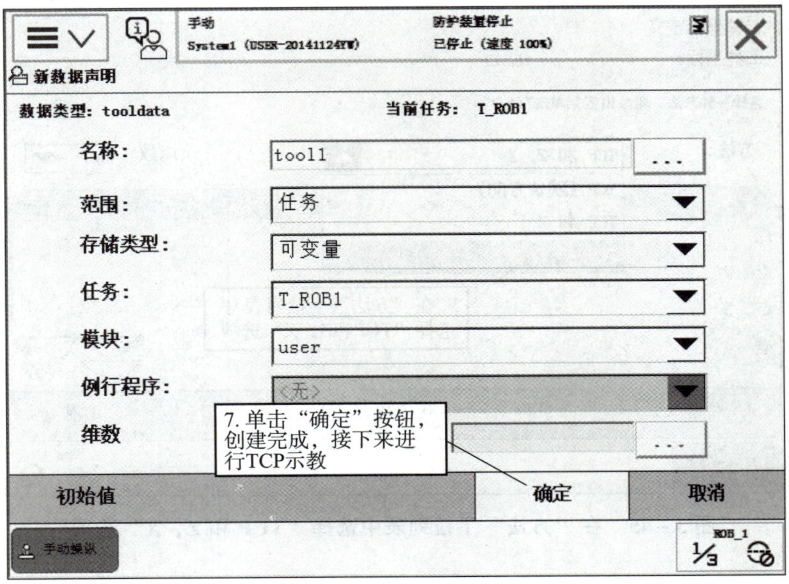

图 3 – 43 创建完成

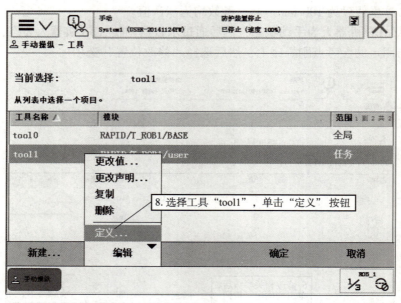

图 3-44 选择工具"tool1"，单击"定义"按钮

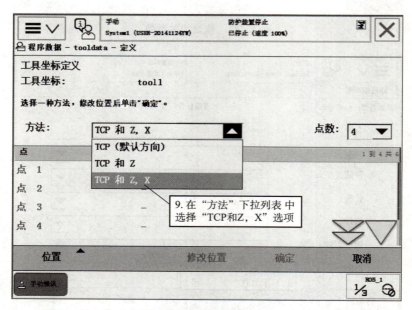

图 3-45 在"方法"下拉列表中选择"TCP 和 Z，X"选项

图 3 - 46 调整 ABB 机器人姿态

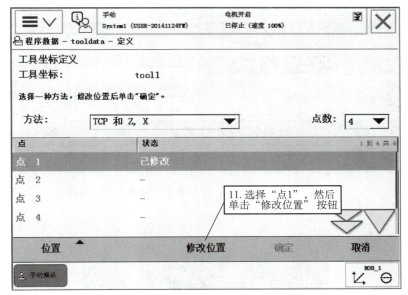

图 3 - 47 选择"点 1",然后单击"修改位置"按钮

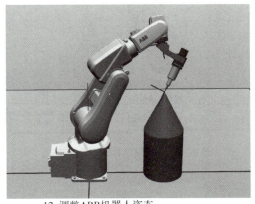

12. 调整ABB机器人姿态

图 3 - 48 调整 ABB 机器人姿态

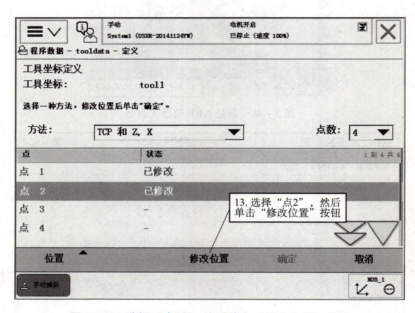

图 3－49　选择"点 2"，然后单击"修改位置"按钮

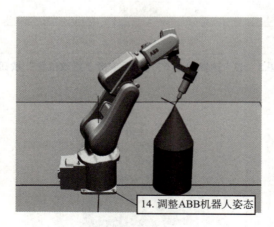

图 3－50　调整 ABB 机器人姿态

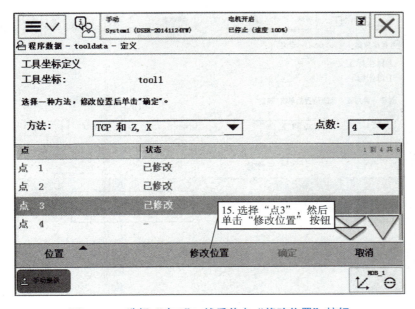

图 3－51 选择"点 3"，然后单击"修改位置"按钮

图 3－52 调整 ABB 机器人姿态

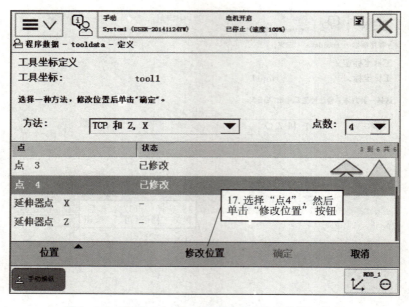

图 3-53　选择"点4"，然后单击"修改位置"按钮

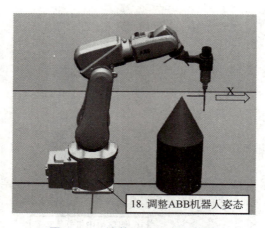

图 3-54　调整 ABB 机器人姿态

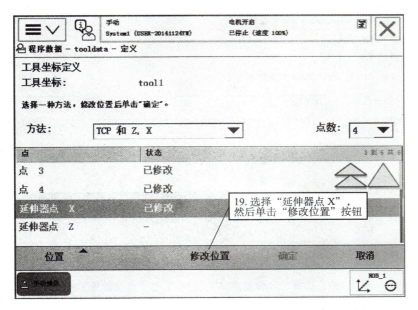

图 3 – 55　选择"延伸器点 X"，然后单击"修改位置"按钮

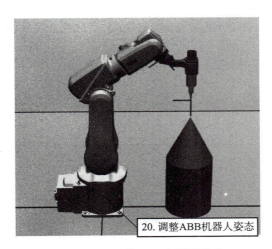

图 3 – 56　调整 ABB 机器人姿态

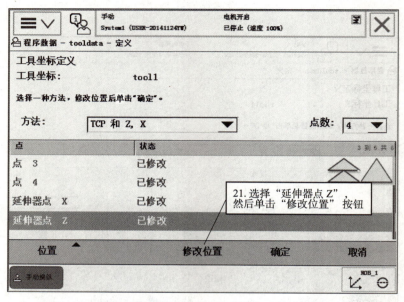

图3-57 选择"延伸器点Z"，然后单击"修改位置"按钮

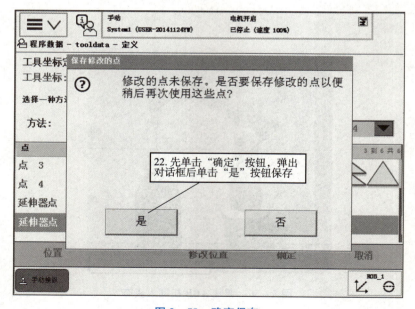

图3-58 确定保存

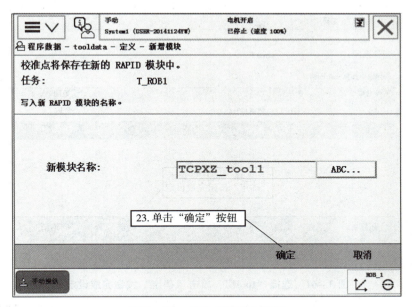

图 3 – 59　单击"确定"按钮

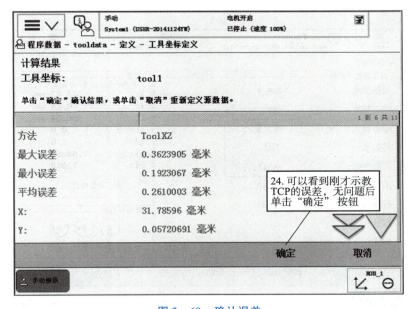

图 3 – 60　确认误差

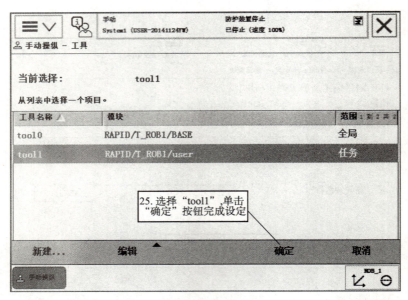

图 3 – 61   选择"tool1"，单击"确定"按钮完成设定

可以通过重定位运动模式检测建立的工具数据 tooldata 是否符合要求。打开 ABB 机器人的"手动操纵"界面，"动作模式"选择"重定位"，"坐标系"选择"工具"，"工具坐标"选择"tool1"，如图 3 – 62 所示。

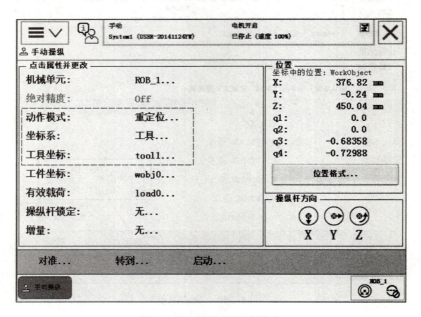

图 3 – 62   重定位运动模式

使用摇杆将工具参考点刚好靠上固定参考点，然后在重定位模式下手动操作 ABB 机器人，如果 TCP 设定精确，ABB 机器人根据重定位操作改变姿态，但是工具参考点与固定参考点始终保持刚好碰上，如图 3 – 63 所示。

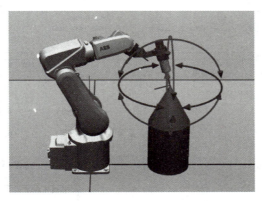

图 3 – 63　检查 TCP 的精度

3.4.5　工件坐标 wobjdata 的建立

具体操作步骤如图 3 – 64 ~ 图 3 – 80 所示。

工件坐标
wobjdata

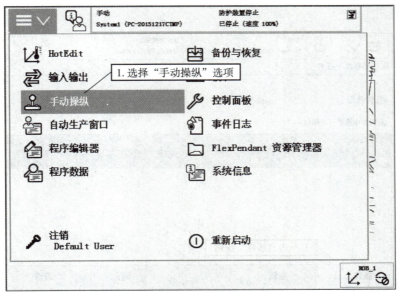

图 3 – 64　选择"手动操纵"选项

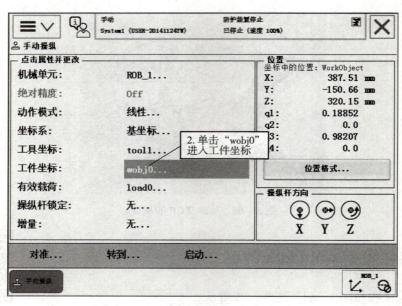

图 3 − 65   单击"wobj0"进入工件坐标

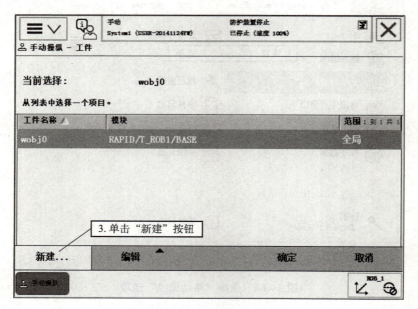

图 3 − 66   单击"新建"按钮

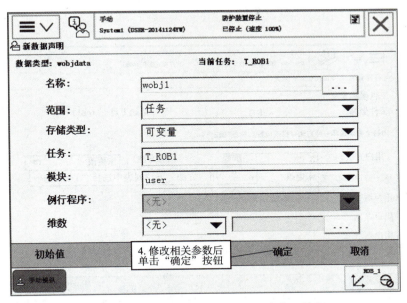

图 3-67　修改相关参数后单击"确定"按钮

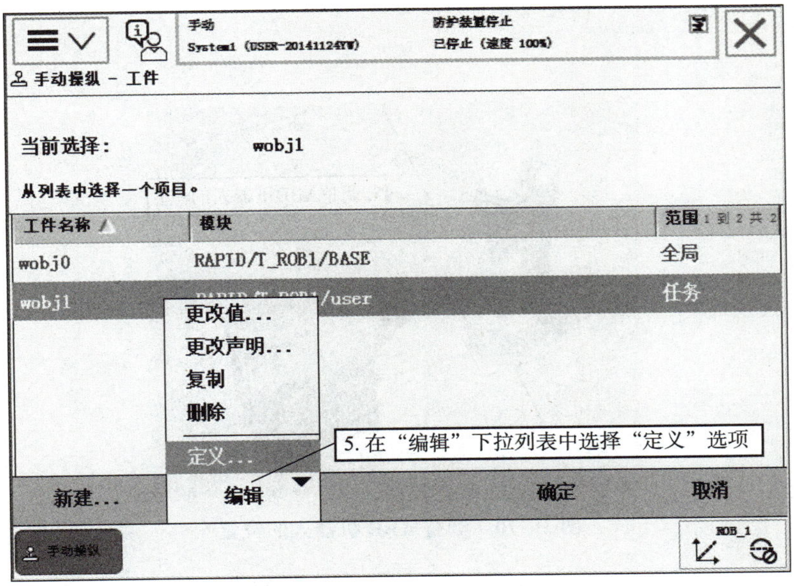

图 3-68　在"编辑"下拉列表中选择"定义"选项

143

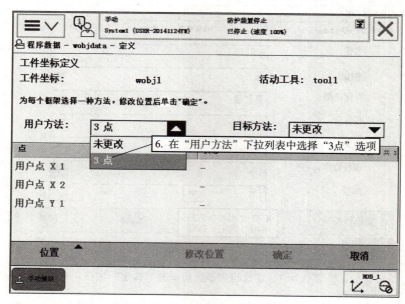

图 3-69　在"用户方法"下拉列表中选择"3 点"选项

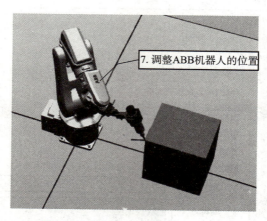

图 3-70　调整 ABB 机器人的位置

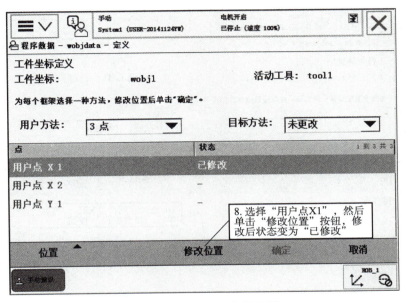

图 3 – 71　修改 X1 点的位置

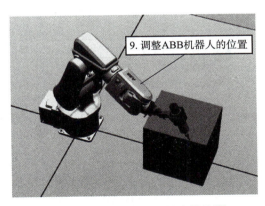

图 3 – 72　调整 ABB 机器人的位置

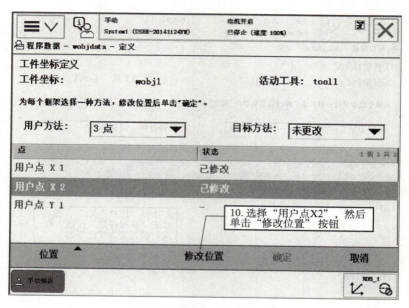

图 3-73 修改 X2 点的位置

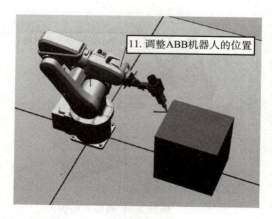

图 3-74 调整 ABB 机器人的位置

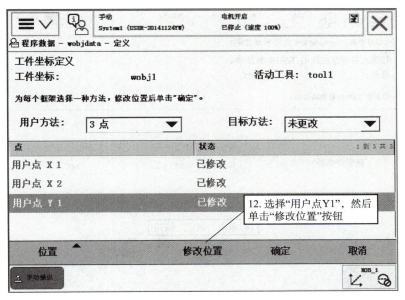

图 3 – 75 修改 Y1 点的位置

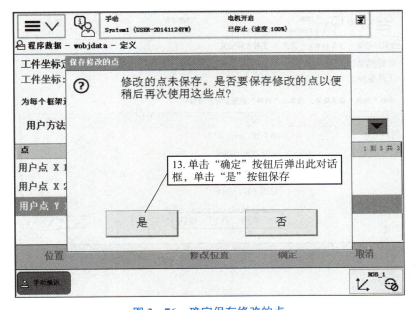

图 3 – 76 确定保存修改的点

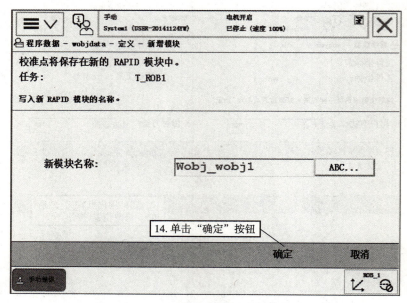

图 3 – 77   确定保存修改的模块

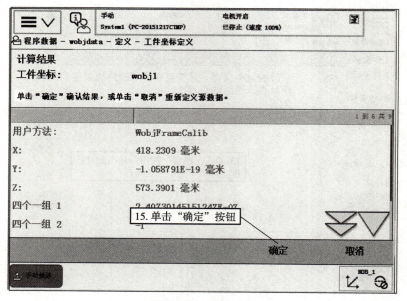

图 3 – 78   确认结果

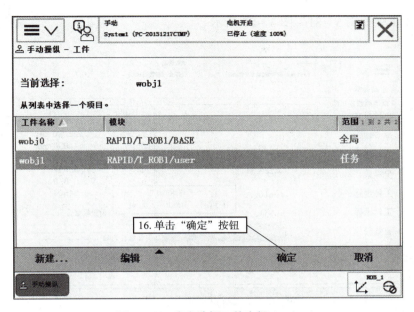

图 3 – 79　确定选择工件坐标 wobj1

在"手动操纵"界面中选择线性动作模式（图 3 – 80），即可体验新建立的工件坐标。

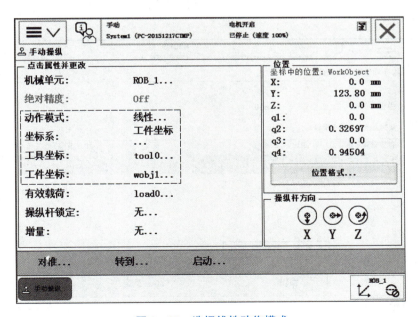

图 3 – 80　选择线性动作模式

3.4.6　有效载荷 loaddata 的建立

具体操作步骤如图 3−81 ~ 图 3−85 所示。

有效载荷
loaddata

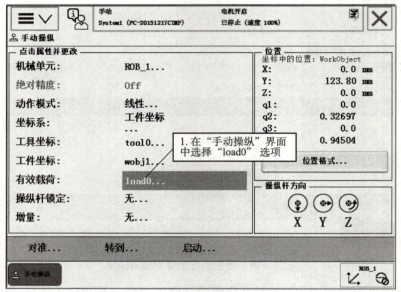

图 3−81　在"手动操纵"界面中选择"load0"选项

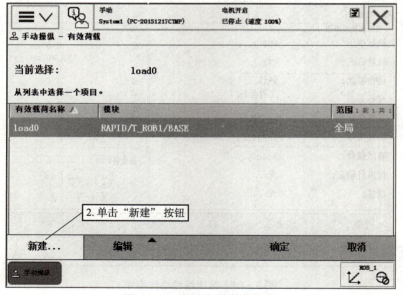

图 3−82　新建有效载荷数据

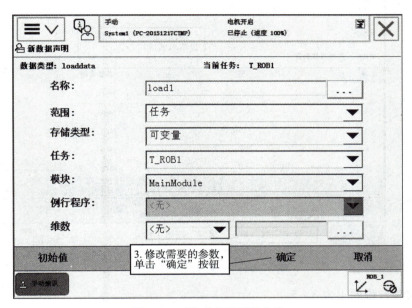

图 3 – 83　修改有效载荷名称

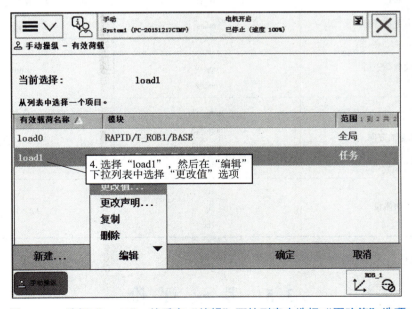

图 3 – 84　选择"load1",然后在"编辑"下拉列表中选择"更改值"选项

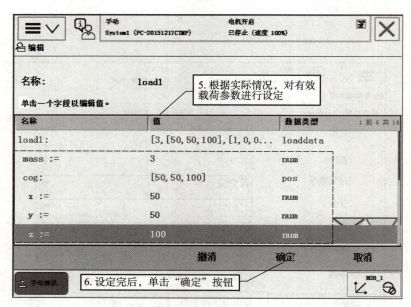

图 3-85　设置有效载荷参数

有效载荷参数说明见表 3-5。

表 3-5　有效载荷参数说明

名称	参数	单位
有效载荷质量	mass	kg
有效载荷重心	cog. x cog. y cog. z	mm
力矩轴方向	aom. q1 aom. q2 aom. q3 aom. q4	—
转动惯量	ix iy iz	kg · m²

3.5　考　核　评　价

任务 3.1　使用 ABB 机器人编写一段简单的计数程序

要求：能清楚地描述 ABB 机器人程序数据的创建方法，并使用示教器编写一段简单的

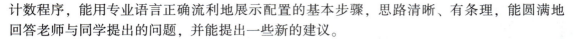

计数程序，能用专业语言正确流利地展示配置的基本步骤，思路清晰、有条理，能圆满地回答老师与同学提出的问题，并能提出一些新的建议。

任务 3.2 使用 ABB 机器人示教器设定一个完整的工具数据 tooldata

要求：能清楚地描述 ABB 机器人工具数据 tooldata 的创建方法，使用示教器精确地设定 TCP，并将误差控制在 0.5 mm 以内，能用专业语言正确流利地展示配置的基本步骤，思路清晰、有条理，能圆满地回答老师与同学提出的问题，并能提出一些新的建议。

任务 3.3 使用 ABB 机器人示教器设定一个完整的工件坐标 wobjdata

要求：能清楚地描述 ABB 机器人工件坐标 wobjdata 的创建方法，使用示教器在指定的平面中设定工件坐标，通过 ABB 机器人线性运动的验证，将误差控制在可接受范围内，能用专业语言正确流利地展示配置的基本步骤，思路清晰、有条理，能圆满地回答老师与同学提出的问题，并能提出一些新的建议。

任务 3.4 使用 ABB 机器人示教器设定一个有效载荷 loaddata

要求：能清楚地描述 ABB 机器人有效载荷 loaddata 的创建方法，根据负载的实际情况将参数写入 ABB 机器人，并了解 GripLoad 指令在程序中的使用方法，能用专业语言正确流利地展示配置的基本步骤，思路清晰、有条理，能圆满地回答老师与同学提出的问题，并能提出一些新的建议。

3.6 扩 展 提 高

任务 3.5 LoadIdentify 载荷测定

说明：如果 ABB 机器人所用的工具及搬运工件结构复杂，并且不对称，不便于手工测量，可使用在 ABB 机器人系统中预定义的自动测定载荷的服务例行程序 LoadIdentify，它可以测定工具载荷和有效载荷，可确认质量、重心和转动惯量等数据。

项目四

ABB 机器人程序的编写

4.1　项目描述

本项目的主要学习内容包括：了解 ABB 机器人的编程语言，学会正确地使用示教器新建程序模块与例行程序，了解 ABB 机器人的常用指令，通过示教器编辑 RAPID 程序，并学会对 ABB 机器人移动的目标点示教。

4.2　教学目的

通过本项目的学习让学生了解 ABB 机器人的编程语言 RAPID，熟悉 ABB 机器人的运动指令，正确地使用示教器，了解如何在示教器上编辑一个 ABB 机器人运动的 RAPID 程序，熟练地掌握 ABB 机器人的 I/O 控制指令，结合前一项目节学习的 I/O 配置，实现对机器人输入/输出信号的控制，了解 ABB 机器人的功能和中断程序的使用并灵活使用。本项目内容为 ABB 机器人编程基础知识，是学习 ABB 机器人的核心，所以掌握本项目的内容尤为重要。学生可以将本项目知识与前面项目所介绍的操作方法结合起来以巩固提升。

4.3　知识准备

4.3.1　了解 RAPID 程序

ABB 机器人的程序是 RAPID 程序，程序中包含一连串控制 ABB 机器人的指令，执行这些指令可实现对机器人 ABB 的控制操作。

RAPID 程序的框架说明如下：

RAPID 程序是由程序模块和系统模块组成的，一般来说，只通过新建程序模块来构建 ABB 机器人的程序，而系统模块则用于系统方面的控制。

可以根据不同的用途创建多个程序模块，如专门用于主控制的程序模块、用于初始化

**RAPID
程序的介绍**

的模块、用于抓取位置计算的程序模块、用于存放数据的模块，以便于归类和管理不同用途的例行程序与数据。

每个程序模块包含程序数据、例行程序、中断程序和功能 4 种对象，但在一个程序模块中这 4 种对象不一定都有，程序模块之间的数据、例行程序、中断程序和功能都是可以相互调用的。

在 RAPID 程序中，只有一个主程序 main，它存在于任意一个程序模块中，并且是整个 RAPID 程序的执行起点。

4.3.2　了解 ABB 机器人运动指令

ABB 机器人在空间中进行运动主要有 4 种方式：关节运动、线性运动、圆弧运动和绝对位置运动。这 4 种方式的运动指令分别介绍如下。

1. 关节运动指令（MoveJ）

关节运动指令是在对路径精度要求不高的情况下，ABB 机器人的 TCP 从一个位置移动到另一个位置，两个位置之间的路径不一定是直线（图 4 - 1）。关节运动指令适合在 ABB 机器人大范围运动时使用，但容易在运动过程中出现关节轴进入机械死点位置的问题。

ABB 机器人
运动指令

ABB 机器人运动
指令使用
实例（上）

ABB 机器人运动
指令使用
实例（下）

图 4 - 1　关节运动

例如：MoveJ　p20，v100，z50，tool1 \ WObj：= wobj1；（指令解析见表 4 - 1）

表 4 - 1　指令解析

参数	说明
MoveJ	关节运动指令
p20	目标点位置数据
v100	运动数据
fine	转弯区数据

参数	说明
tool1	工具坐标数据
WObj：=wobj1	工件坐标数据

2. 线性运动指令（MoveL）

线性运动指令使 ABB 机器人的 TCP 从起点到终点之间的路径始终保持直线（图 4 - 2），该指令适用于对路径精度要求高的场合，如切割、涂胶等。

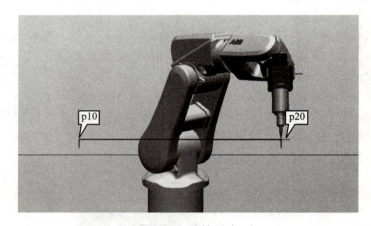

图 4 - 2 线性运动

例如：MoveL p20，v100，fine，tool1 \ WObj：=wobj1；

3. 圆弧运动指令（MoveC）

圆弧运动是机器人在可到达的空间范围内定义 3 个位置点，第 1 个位置点是圆弧的起点，第 2 个位置点是圆弧的曲率，第 3 个位置点是圆弧的终点，如图 4 - 3 所示。

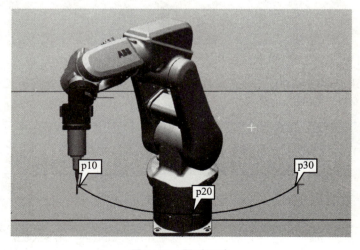

图 4 - 3 圆弧运动

例如：MoveC　p20，p30，v100，z50，tool1 \WObj：= wobj1。

4. 绝对位置运动指令（MoveAbsJ）

绝对位置运动指令对 ABB 机器人的运动使用 6 个轴的角度来定义目标位置数据。

4.3.3　了解 I/O 控制指令

I/O 控制指令用于控制输入/输出信号，以达到与 ABB 机器人周边设备进行通信的目的，I/O 控制指令有如下 4 种。

ABB 机器人 I/O 控制与等待功能指令

1. Set 数字信号置位指令

Set 数字信号置位指令用于将 ABB 机器人 I/O 板的数字输出信号（Digital Output）置为"1"。Set 数字信号置位指令使用实例如图 4 – 4 所示。

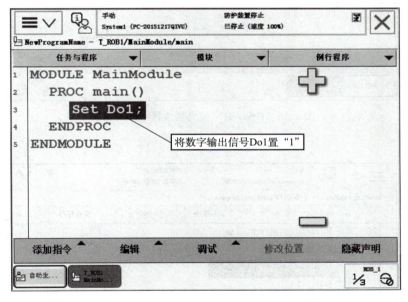

图 4 –4　Set 数字信号置位指令使用实例

2. Reset 数字信号复位指令

Reset 数字信号复位指令用于将 ABB 机器人 I/O 板的数字输出信号（Digital Output）置为"0"。Reset 数字信号复位指令使用实例如图 4 –5 所示。

3. WaitDI 数字输入信号判断指令

WaitDI 数字输入信号判断指令用于判断数字输入信号的值是否与目标一致。WaitDI 数字输入信号判断指令使用实例如图 4 –6 所示。

4. WaitDO 数字输出信号判断指令

WaitDO 数字输出信号判断指令用于判断数字输出信号的值是否与目标一致。WaitDO 数字输出信号判断指令使用实例如图 4 –7 所示。

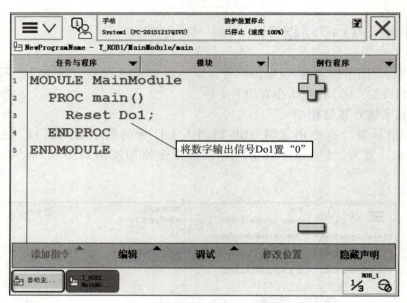

图 4 – 5　Reset 数字信号复位指令使用实例

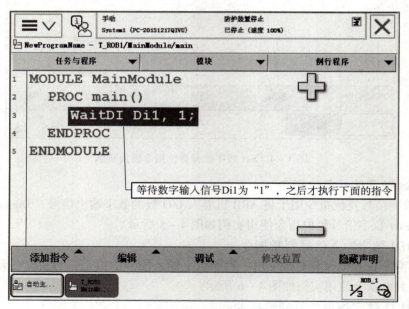

图 4 – 6　WaitDI 数字输入信号判断指令使用实例

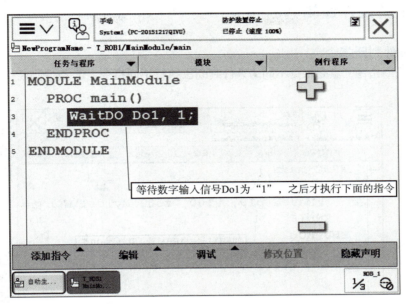

图 4 – 7　WaitDO 数字输出信号判断指令使用实例

4.3.4　了解赋值指令

赋值指令 ":=" 用于对程序数据进行赋值，所赋值可以是一个常量或数学表达式。赋值指令使用实例如图 4 – 8 所示。

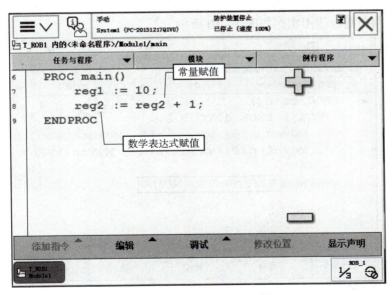

图 4 – 8　赋值指令使用实例

4.3.5　了解条件逻辑判断指令

1. IF 条件判断指令

IF 条件判断指令，就是根据不同的条件判断去执行不同指令。IF 条件判断指令使用实例如图 4-9 所示。

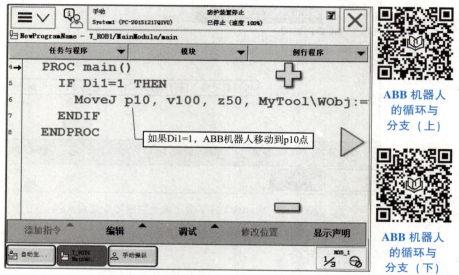

ABB 机器人的循环与分支（上）

ABB 机器人的循环与分支（下）

图 4-9　IF 条件判断指令使用实例

2. FOR 重复执行判断指令

FOR 重复执行判断指令，就是根据指定的次数重复执行对应的程序。FOR 重复执行判断指令使用实例如图 4-10 所示。

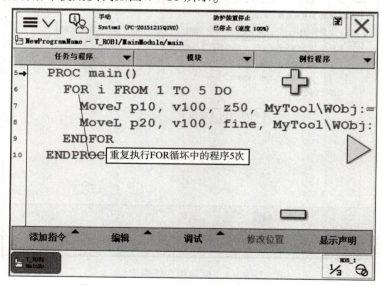

图 4-10　FOR 重复执行判断指令使用实例

3. WHILE 条件判断指令

WHILE 条件判断指令，用于在给定的条件满足的情况下，一直重复执行对应的指令。WHILE 条件判断指令使用实例如图 4 – 11 所示。

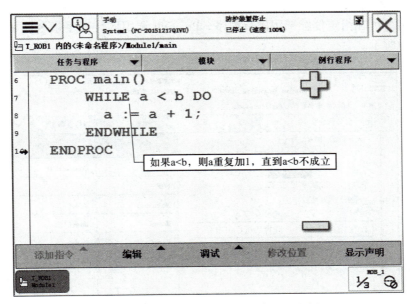

图 4 – 11　WHILE 条件判断指令使用实例

4. TEST 指令

TEST 指令根据变量的判断结果执行对应程序。TEST 指令使用实例如图 4 – 12 所示。

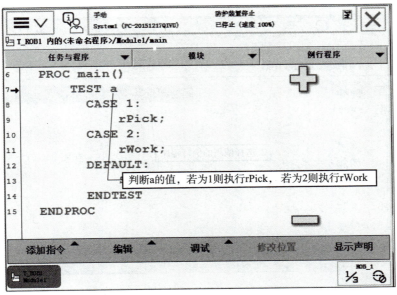

图 4 – 12　TEST 指令使用实例

4.3.6 了解其他常用指令

1. ProcCall 调用例行程序指令

通过此指令可在指定位置调用例行程序。ProcCall 调用例行程序指令使用实例如图4 – 13 ~ 图4 – 15 所示。

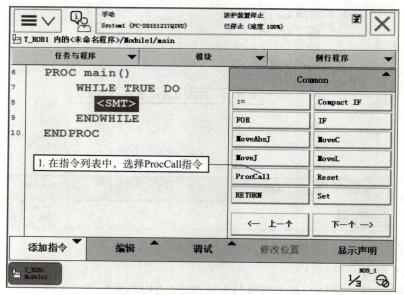

图 4 – 13 选择 ProcCall 指令

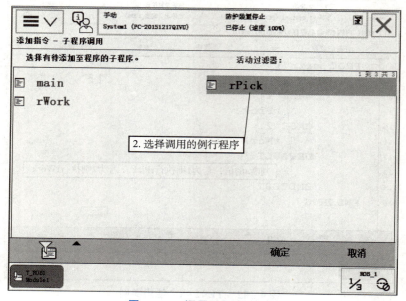

图 4 – 14 调用子程序 rPick

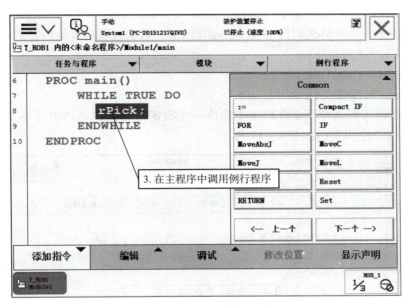

图 4 - 15　调用例行程序

2. RETURN 返回例行程序指令

当此指令被执行时，马上结束本例行程序的执行，返回程序指针到调用此例行程序的位置。RETURN 返回例行程序指令使用实例如图 4 - 16 所示。

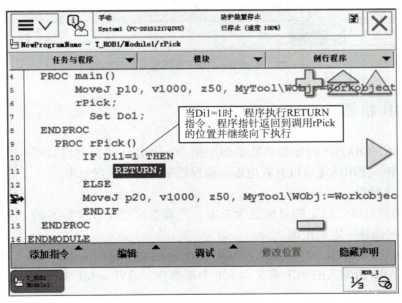

图 4 - 16　RETURN 返回例行程序指令使用实例

3. 常用写屏指令

常用的写屏指令有 TPErase 清屏指令、TPWrite 写屏指令。

例如： TPErase；

　　　　TPWrite" The Robot is running"

TPWrite" The Last CycleTime is :" num：= nCycleTime

假设上一次循环的时间 nCycleTime 是 10s，则示教器显示的内容为

The Robot is running

The Last CycleTime is：10s

4. WaitTime 时间等待指令

WaitTime 时间等待指令用于在程序中等待一个指定的时间以后再继续往下执行。Wait-Time 时间等待指令使用实例如图 4 – 17 所示。

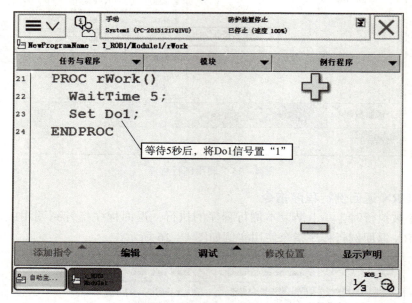

图 4 – 17　WaitTime 时间等待指令使用实例

4.3.7　ABB 机器人功能介绍

ABB 机器人的 RAPID 程序的功能类似于指令，并且在执行完以后可以返回一个数值。使用功能可以有效地提高编程效率和程序执行效率。

FUNCTION
功能的应用

1. offs 偏移功能

offs 偏移功能是以已选定的目标点为基准，沿着选定的工件坐标系的 X、Y、Z 轴方向偏移一定的距离。

例如：MoveJ offs(p20，0，0，20) v100，z50，tool1 \WObj：= wobj1；

该程序将 ABB 机器人的 TCP 移至以 p20 为基准点，沿着 wobj1 工件坐标系的 Z 轴的正方向偏移 20mm 的位置点。

2. CrobT 功能

CrobT 功能是使 ABB 机器人读取当前目标点的位置数据。

例如：PERS robtarget p10；

　　　　P10：= CrobT(\tool：= tool1 \WObj：= wobj1)；

该程序读取当前 ABB 机器人目标点的位置数据，指定的工具数据为 tool1，工件坐标系

数据为 Wobj：= wobj1，之后将读取的目标点数据赋值给 P10。

4.3.8　中断程序的使用介绍

在 RAPID 程序的执行过程中，如果出现需要紧急处理的情况，ABB 机器人就会中断当前程序的执行，程序指针马上跳转到专门的程序中对紧急情况进行相应的处理，处理结束后程序指针返回原来被中断的地方，继续往下执行程序。这种用来处理紧急情况的专门程序称作中断程序（TRAP）。中断程序通常可以由以下条件触发：

TRAP 中断程序的应用

（1）一个外部输入信号突然变为 "0" 或 "1"；

（2）一个设定的时间到达；

（3）ABB 机器人到达某个指定位置；

（4）ABB 机器人发生某个错误。

常用的中断指令见表 4 – 2。

表 4 – 2　常用的中断指令

中断指令名称	说明
CONNECT	中断连接指令，连接变量和中断程序
ISignalDI	数字输入信号中断触发指令
ISignalDO	数字输出信号中断触发指令
ISignalGI	组合输入信号中断触发指令
ISignalGO	组合输出信号中断触发指令
IDelete	删除中断连接指令
ISleep	中断休眠指令
IWatch	中断监控指令，与中断休眠指令配合使用
IEnable	中断生效指令
IDisable	中断失效指令，与中断生效指令配合使用

4.4　任 务 实 现

4.4.1　建立一个程序模块与例行程序

通过 ABB 机器人的示教器进行程序模块和例行程序的创建和相关操作，如图 4 – 18 ~ 图 4 – 29 所示。

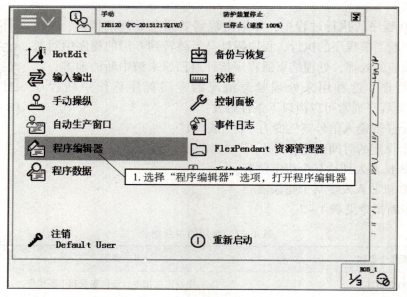

图 4 – 18 打开程序编辑器

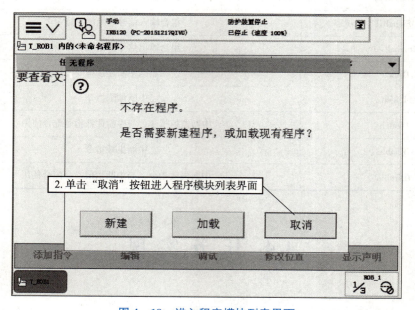

图 4 – 19 进入程序模块列表界面

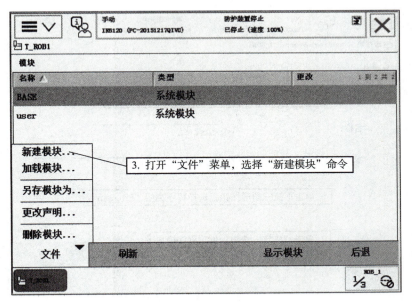

图 4 - 20 选择"新建模块"命令

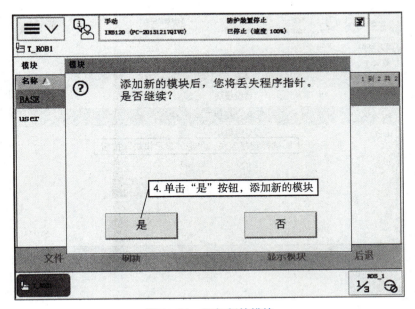

图 4 - 21 添加新的模块

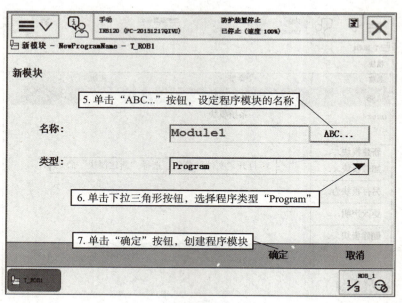

图 4 – 22　创建程序模块

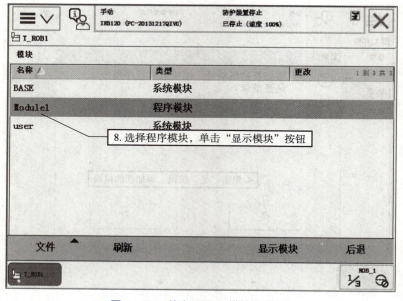

图 4 – 23　单击"显示模块"按钮

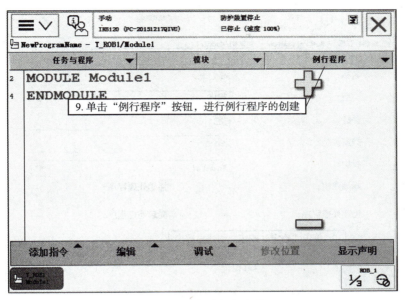

图 4 – 24   创建例行程序

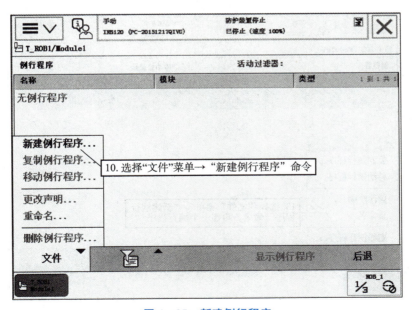

图 4 – 25   新建例行程序

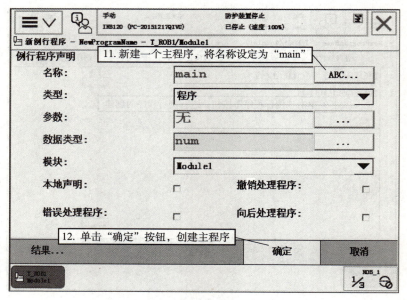

图 4 – 26　创建主程序

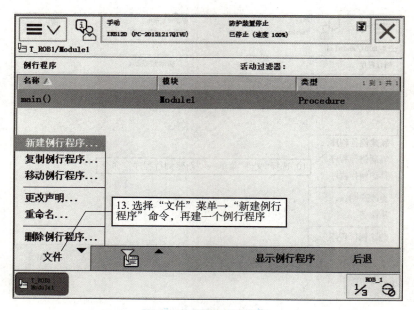

图 4 – 27　新建例行程序

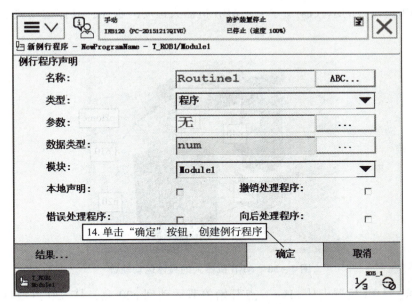

图 4 – 28　单击"确定"按钮

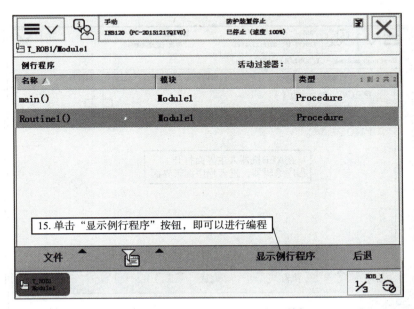

图 4 – 29　单击"显示例行程序"按钮

4.4.2 编写一个 ABB 机器人运动的 RAPID 程序

通过 ABB 机器人的示教器编写一个 ABB 机器人运动的程序，具体运动轨迹如图 4 - 30 所示。

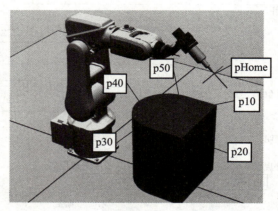

图 4 - 30　ABB 机器人的具体运动轨迹

工作要求：ABB 机器人从 pHome 点开始关节运动到 p20 点，从 p20 点线性运动到 p30 点，从 p30 点经 p40 点圆弧运动到 p50 点，然后从 p50 点线性运动到 p10 点，最后再从 p10 点关节运动到 pHome 点。具体操作步骤如图 4 - 31 ~ 图 4 - 52 所示。

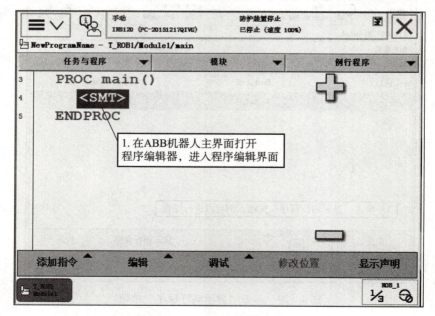

图 4 - 31　打开程序编辑器

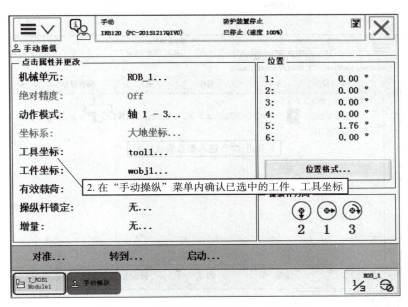

图 4 – 32　确认已选中的工件、工具坐标

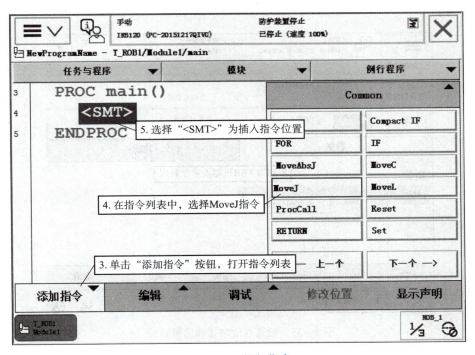

图 4 – 33　添加指令

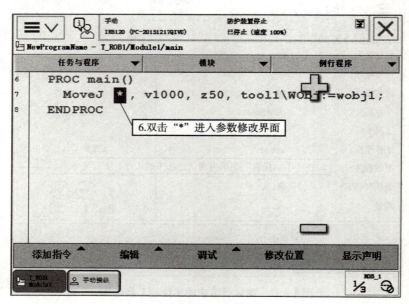

图 4-34　进入参数修改界面

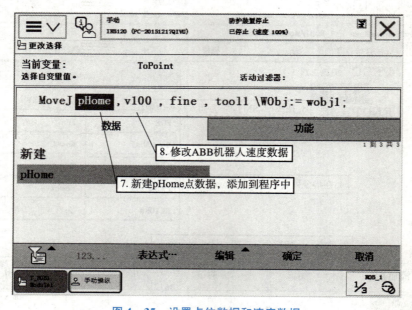

图 4-35　设置点位数据和速度数据

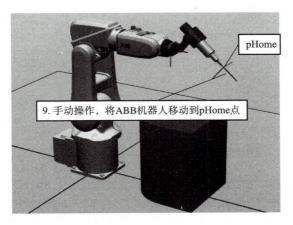

图 4-36　将 ABB 机器人移动到 pHome 点

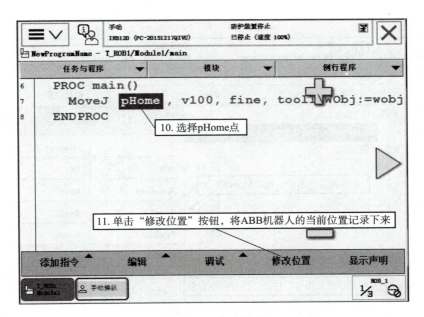

图 4-37　修改位置

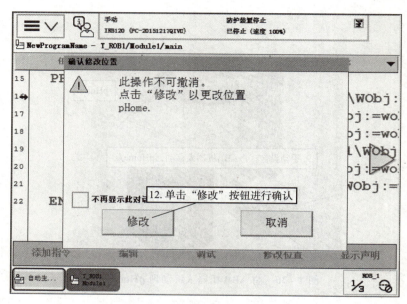

图 4 –38   确认修改

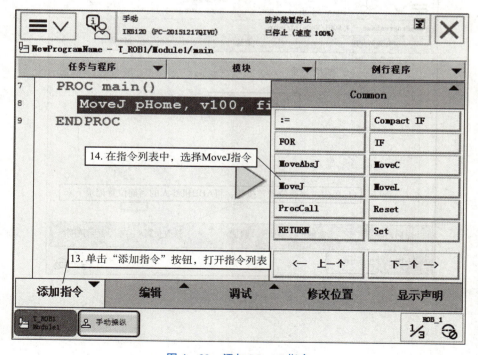

图 4 –39   添加 MoveJ 指令

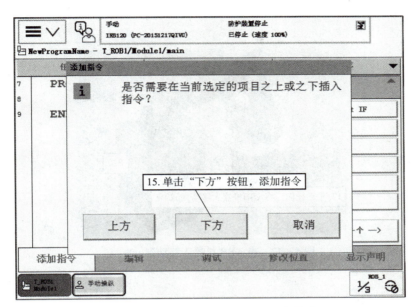

图 4 – 40　单击"下方"按钮，添加指令

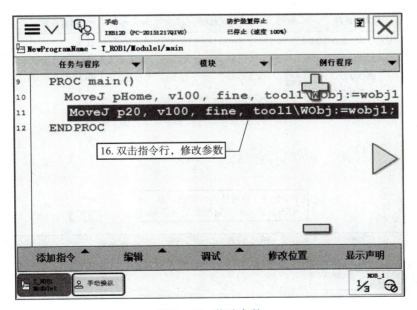

图 4 – 41　修改参数

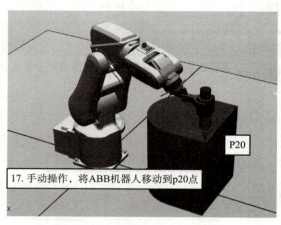

图4－42　将ABB机器人移动到p20点

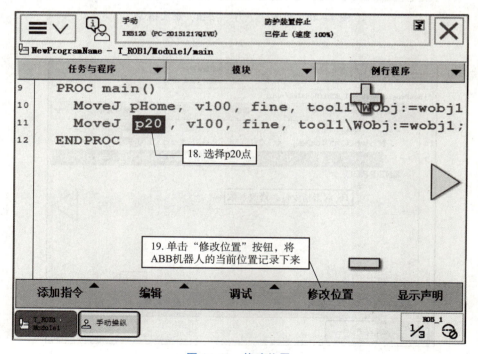

图4－43　修改位置

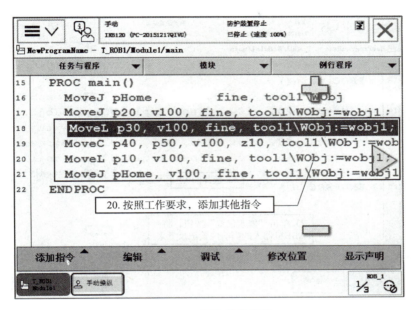

图 4 – 44　添加其他指令

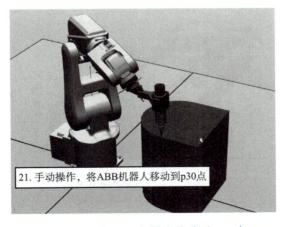

图 4 – 45　将 ABB 机器人移动到 p30 点

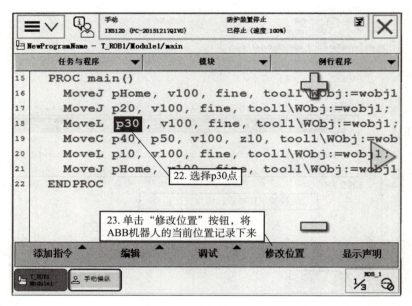

图4-46 修改位置

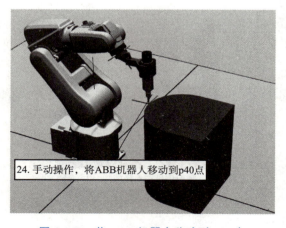

图4-47 将ABB机器人移动到p40点

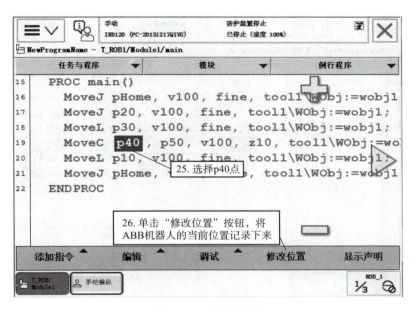

图 4 - 48　修改位置

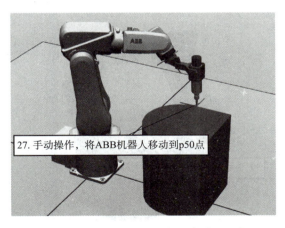

图 4 - 49　将 ABB 机器人移动到 p50 点

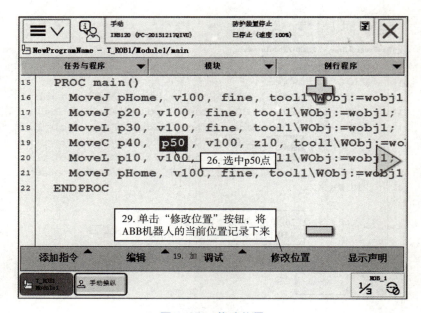

图 4-50　修改位置

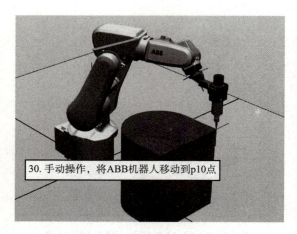

图 4-51　将 ABB 机器人移动到 p10 点

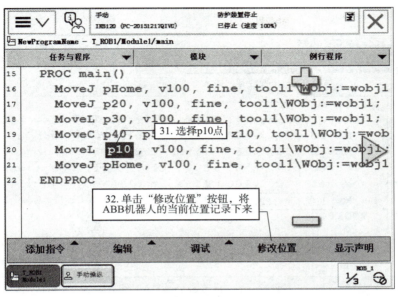

图 4-52　修改位置

4.4.3　通过示教器对 RAPID 程序进行调试

　　在完成对 RAPID 程序的编辑以后，接下来的工作就是对 RAPID 程序进行调试，检查 RAPID 程序的位置点是否正确，检查 RAPID 程序的逻辑控制是否有不完善的地方。具体操作步骤如图 4-53 ~ 图 4-55 所示。

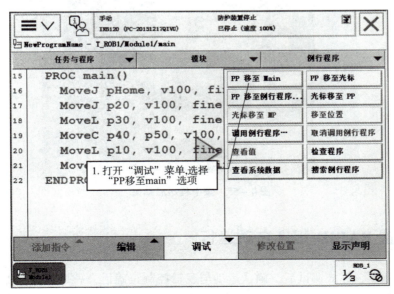

图 4-53　打开"调试"菜单

183

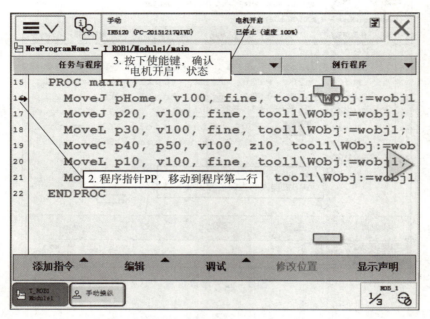

图4-54 按下使能键，确认"电机开启"状态

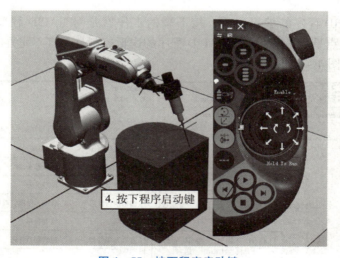

图4-55 按下程序启动键

4.4.4 设置 RAPID 程序自动运行

在手动状态下，完成调试后，确认运动与逻辑控制正确后，就可以将 ABB 机器人系统投入自动运行状态。设置 RAPID 程序自动运行的步骤如图4-56～图4-61所示。

图 4-56 将控制柜上的 ABB 机器人状态钥匙切换到"自动"挡

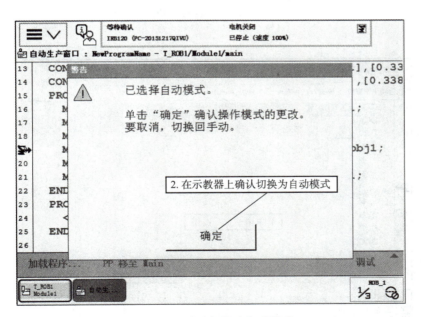

图 4-57 确认切换为自动模式

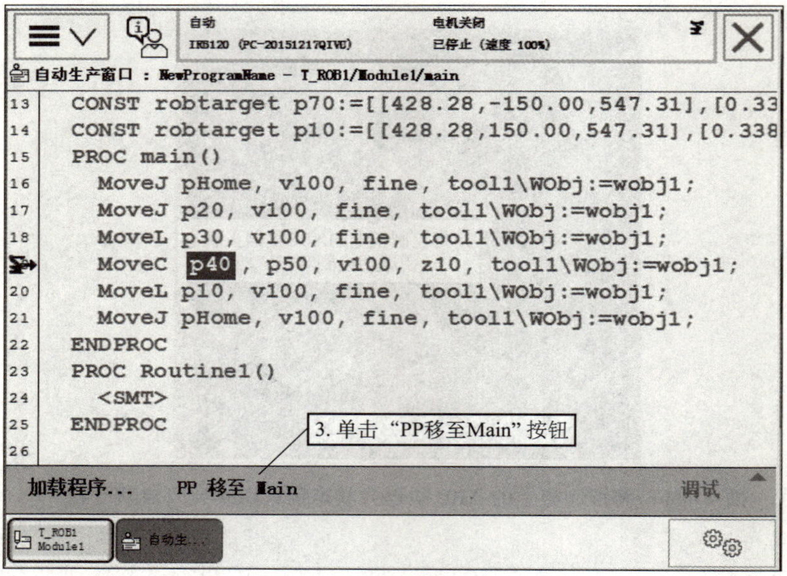

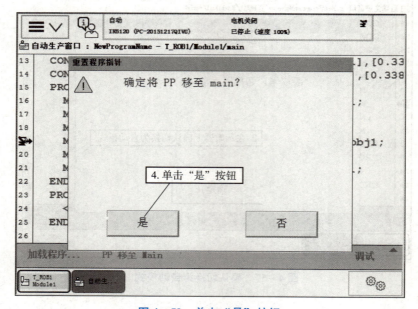

图4-58 单击"PP移至Main"按钮

图4-59 单击"是"按钮

图 4-60 启动电动机

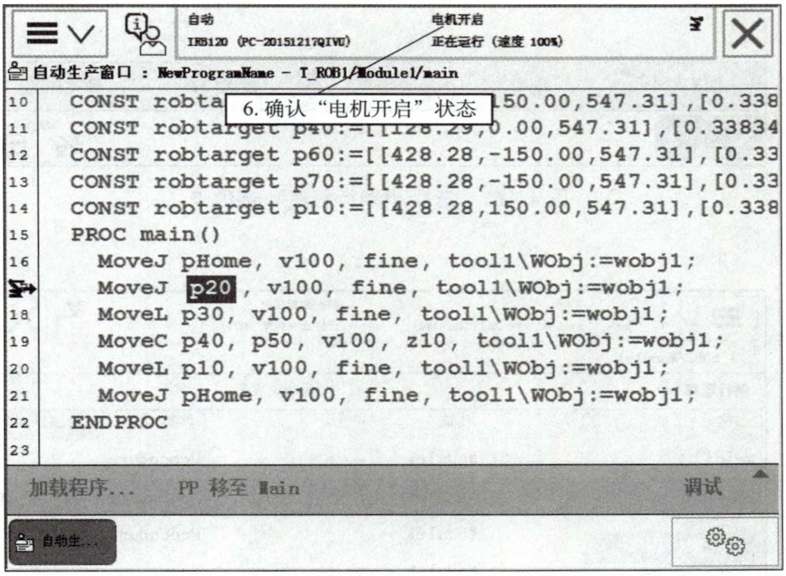

图 4-61 确认"电机开启"状态

4.4.5 创建一个外部输入信号触发的中断程序

中断程序是用来处理自动化生产过程中的突发异常状况的 ABB 机器人程序。下面介绍一个外部输入信号触发的中断程序的创建过程。

（1）在正常情况下，Di1 信号为"0"。

（2）如果 Di1 信号从"0"变为"1"，就对 Do1 信号置"1"，并记录进入中断程序的次数，将之保存在变量 a 中。

具体操作步骤如图 4-62 ~ 图 4-82 所示。

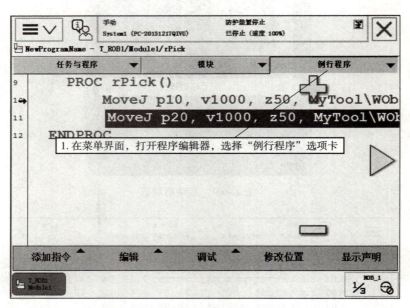

图 4-62　选择"例行程序"选项卡

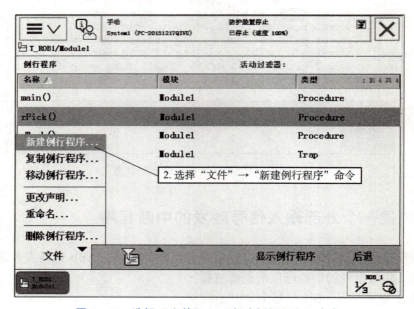

图 4-63　选择"文件"→"新建例行程序"命令

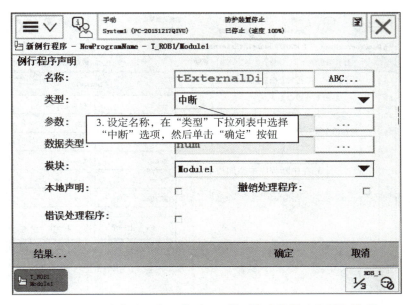

图 4 – 64　设定名称，在"类型"下拉列表中选择"中断"选项

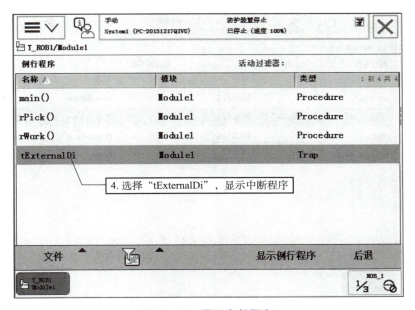

图 4 – 65　显示中断程序

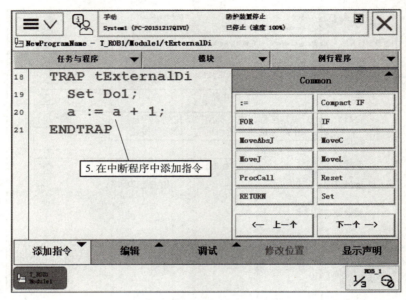

图 4-66　在中断程序中添加指令

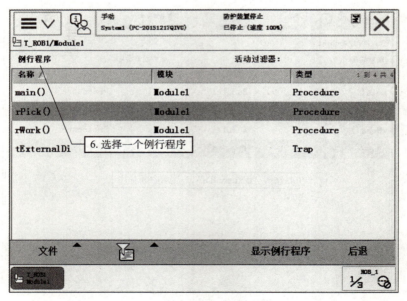

图 4-67　选择一个例行程序

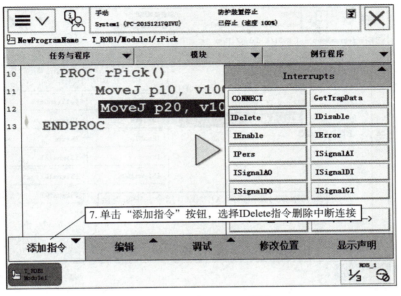

图 4 - 68　添加 IDelete 指令

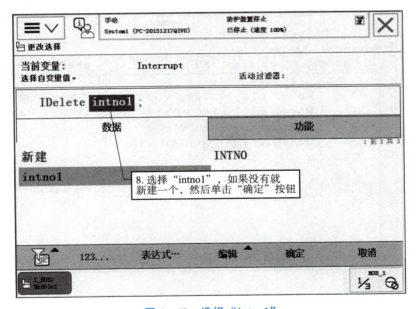

图 4 - 69　选择"intno1"

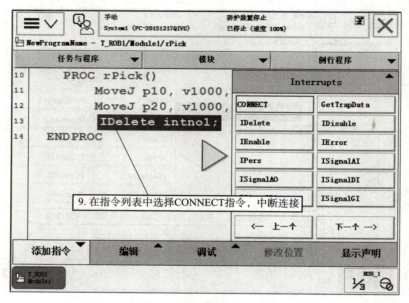

图 4 – 70　选择 CONNECT 指令，中断连接

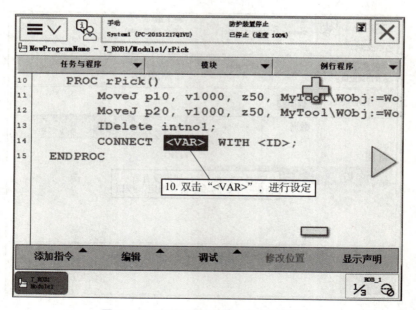

图 4 – 71　双击"＜VAR＞"，进行设定

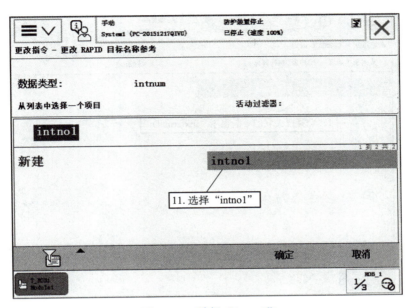

图 4 – 72　选择 "intno1"

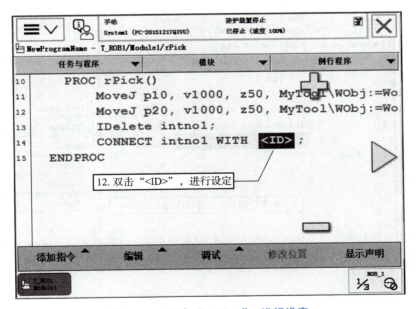

图 4 – 73　双击 " < ID >"，进行设定

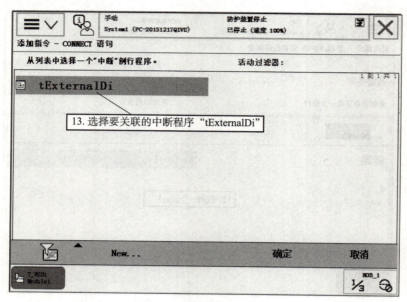

图 4 – 74　选择要关联的中断程序 "tExternalDi"

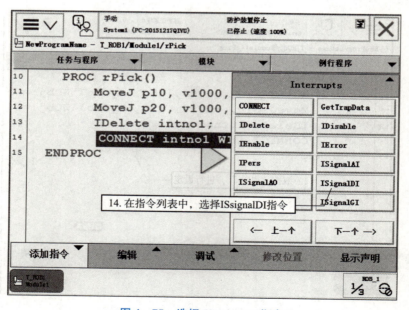

图 4 – 75　选择 ISsignalDI 指令

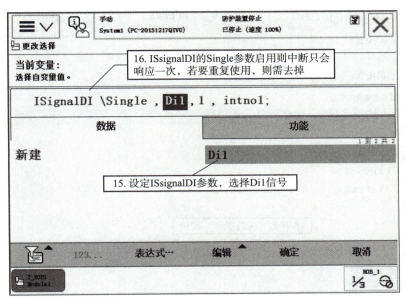

图 4 – 76　设定 ISsignalDI 参数

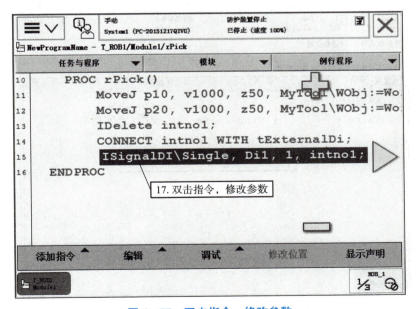

图 4 – 77　双击指令，修改参数

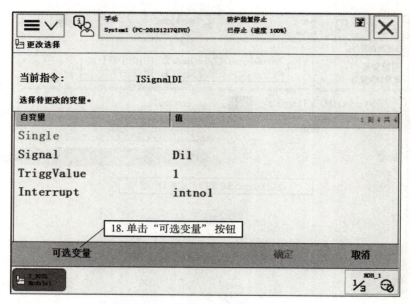

图4-78 单击"可选变量"按钮

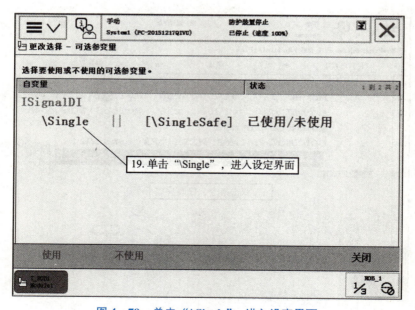

图4-79 单击"\Single"，进入设定界面

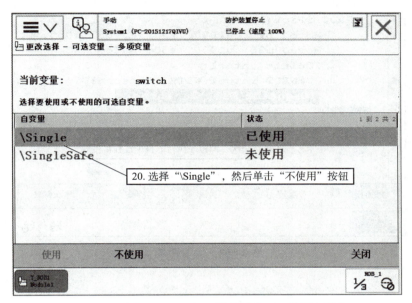

图 4 – 80　选择"\Single"，然后单击"不使用"按钮

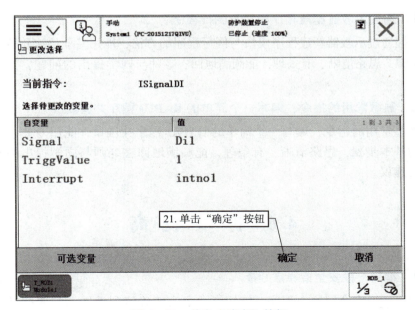

图 4 – 81　单击"确定"按钮

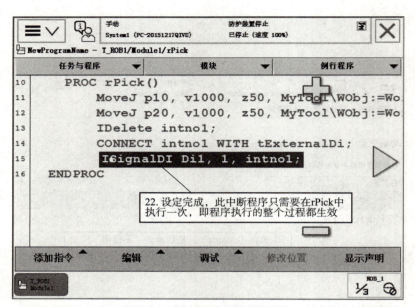

图 4－82　设定完成

4.5　考核评价

任务4.1　通过示教器新建程序模块与例行程序

要求：掌握通过示教器新建程序模块与例行程序的方法，能用专业语言正确流利地展示配置的基本步骤，思路清晰、有条理，能圆满地回答老师与同学提出的问题，并能提出一些新的建议。

任务4.2　熟悉常用的指令，编写一个简单的 RAPID 程序并调试

要求：熟悉常用的指令，编写一个简单的 RAPID 程序并调试，能用专业语言正确流利地展示配置的基本步骤，思路清晰、有条理，能圆满地回答老师与同学提出的问题，并能提出一些新的建议。

4.6　扩展提高

任务4.3　编写一段安全回原点程序

要求：编写一段安全回原点程序，能用专业语言正确流利地展示配置的基本步骤，思路清晰、有条理，能圆满地回答老师与同学提出的问题，并能提出一些新的建议。

项目五

ABB 机器人的总线通信

5.1 项目描述

本项目的主要学习内容包括：了解 ABB 机器人总线通信种类，了解并配置 ABB 机器人 CCLink 总线通信，了解并配置 ABB 机器人 Profibus 总线通信，了解并配置 ABB 机器人 Profinet 总线通信，了解并配置 ABB 机器人串口通信等。

5.2 教学目的

通过本项目的学习让学生了解 ABB 机器人总线通信的种类，了解通信需要进行怎样的硬件连接，了解 ABB 机器人 CCLink 总线通信、Profibus 总线通信、Profinet 总线通信、串口通信等，学会如何通过示教器进行相关的配置，学会在通信未成功时如何查找原因并排除故障。

5.3 知 识 准 备

ABB 机器人
总线通信介绍

5.3.1 ABB 机器人总线通信种类介绍

ABB 机器人常用的总现通信种类见表 5 −1。

表 5 −1　ABB 机器人常用的总线通信种类

ABB 机器人	
现场总线	PC
DeviceNet	RS232

续表

ABB 机器人	
现场总线	PC
Profibus	OPC server
Profibus – DP	……
Profinet	——
EtherNet IP	——
……	——

5.3.2　ABB 机器人 CCLink 总线介绍

　　CCLink 是一种开放式现场总线，其数据容量大，通信速度多级可选择，而且它是一个复合的、开放的、适应性强的网络系统，能够适应较高的管理层网络到较低的传感器层网络的不同范围。ABB 机器人通过 DSQC378B 设备和 CCLink 总线上的设备通信，例如和三菱 Q 系列 PLC 通信。CCLink 总线的网络拓扑结构如图 5 – 1 所示。其说明见表 5 – 2。

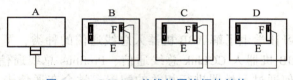

图 5 – 1　CCLink 总线的网络拓扑结构

表 5 – 2　CCLink 总线的网络拓扑结构说明

序号	硬件名称
A	CCLink 主站
B	ABB 机器人控制器 1
C	ABB 机器人控制器 2
D	ABB 机器人控制器 3
E	DSQC378B 通信模块
F	连接端子 X8

1. DSQC378B 介绍
DSQC378B 如图 5 – 2 所示。其端子说明见表 5 – 3。

2. DSQC378B 各接口说明
DSQC378B 的 X3 端子说明见表 5 – 4，DSQC378B 的 X8 端子说明见表 5 – 5。

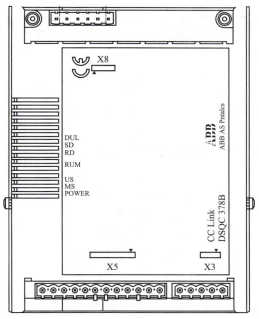

图 5－2　DSQC378B

表 5－3　DSQC378B 端子说明

端子	说明
X3	备用供电电源
X5	DeviceNet 总线连接
X8	CClink 连接端

表 5－4　DSQC 378B 的 X3 端子说明

X3 端子	说明
1	电源 0 V
2	未使用
3	电源地线
4	未使用
5	电源 24 V

表 5－5　DSQC378B 的 X8 端子说明

X8 端子	说明
1	SLD：屏蔽线
2	DA：信号线 A
3	DG：信号地线

续表

X8 端子	说明
4	DB：信号线 B
5	NC：未使用
5	FG：电源地线

5.3.3　ABB 机器人 Profibus 总线介绍

Profibus 是一种国际化、开放式、不依赖设备生产商的现场总线标准（图 5 - 3）。Profibus 总线的传送速度可在 9.6Kbaud ~ 12Mbaud 范围内选择，且当总线系统启动时，所有连接到总线上的装置应该被设成相同的速度。ABB 机器人通过 DSQC667 设备和 Profibus 总线上的设备通信，例如和西门子的 S7 - 300 系列 PLC 通信。

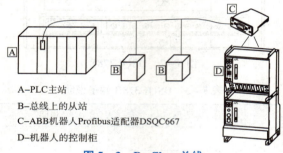

A-PLC主站
B-总线上的从站
C-ABB机器人Profibus适配器DSQC667
D-机器人的控制柜

图 5 - 3　Profibus 总线

5.3.4　ABB 机器人 Profinet 总线介绍

Profinet 的全称是 Process Field Net，由 Profibus 国际组织（Profibus International，PI）推出，是新一代基于工业以太网技术的自动化总线标准。ABB 机器人利用 Profinet 总线可以很方便地与其他设备进行可靠的通信。

5.3.5　ABB 机器人串口通信介绍

串口通信指串口按位（bit）发送和接收字节。尽管比按字节（Byte）的并行通信慢，但是串口可以在使用一根线发送数据的同时用另一根线接收数据。在串口通信中，常用的协议包括 RS - 232、RS - 422 和 RS - 485。ABB 机器人所使用的是 RS - 232 协议。

RS - 232 串口通信只限于 PC 串口和设备间点对点的通信。RS - 232 串口通信的最远距离是 50 英尺①。首先要知道 ABB 机器人控制器上的串口位置，如图 5 - 4 所示，串行通道是可选配件，控制器需要配备 DSQC1003 扩展板，扩展板有一个 RS - 232 串行通道 COM1，

---

①　1 英尺 = 0.304 8 米。

可用于与其他设备通信，CONSOLE 仅用于调试。

RS – 232 信道可以通过可选适配器 DSQC615 转换为 RS – 422 全双工信道，实现更可靠的、较远距离的点到点通信。

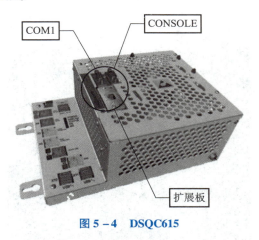

图 5 – 4　DSQC615

5.4　任 务 实 现

5.4.1　ABB 机器人通过 CCLink 总线与三菱 Q 系列 PLC 通信 4

ABB 机器人可通过 CCLink 总线与三菱 Q 系列 PLC 通信，下面介绍 ABB 机器人与 PLC 之间输入 32 点、输出 32 点的通信。

1. 硬件连接

将 CCLink 总线连接 DSQC378B 板卡上的 X8 端子，如图 5 – 5 所示。

图 5 – 5　CCLink 总线连接

2. 设定 PLC 的站号和波特率

（1）在 PLC 上设置站号为 0，设置模式为 2，也就是波特率为 2.5 Mb/s，如图 5 - 6 所示。

图 5 - 6　设置 PLC 的站号与波特率

（2）通过 PLC 组态软件设置输入/输出起始地址，如图 5 - 7 所示。

模块块数　1　▼　块　空白:无设置	□ 在CC-Link配置窗口中设置站信息	
	1	2
起始I/O号	0000	
运行设置	运行设置	
类型	主站　▼	▼
数据链接类型	主站CPU参数自动起动　▼	▼
模式设置	远程网络(Ver.1模式)　▼	▼
总连接台数	1	
远程输入(RX)刷新软元件	X200	
远程输出(RY)刷新软元件	Y200	
远程寄存器(RWr)刷新软元件	D2000	
远程寄存器(RWw)刷新软元件	D3000	
Ver.2远程输入(RX)刷新软元件		
Ver.2远程输出(RY)刷新软元件		
Ver.2远程寄存器(RWr)刷新软元件		
Ver.2远程寄存器(RWw)刷新软元件		
特殊继电器(SB)刷新软元件	500	
特殊寄存器(SW)刷新软元件	SW0	
重试次数	3	
自动恢复台数	1	
待机主站站号		
CPU宕机指定	停止　▼	▼
扫描模式指定	非同步　▼	▼
延迟时间设置	0	
站信息设置	站信息	
远程设备站初始设置	初始设置	
中断设置	中断设置	

图 5 - 7　通过 PLC 组态软件设置输入/输出起始地址

（3）在 ABB 机器人端添加 CCLink 模块 DSQC378B，如图 5 - 8 ~ 图 5 - 11 所示。

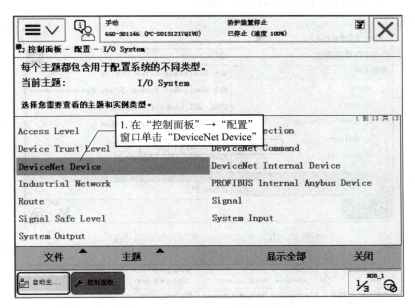

图 5 – 8　CCLink 模块 DSQC378B

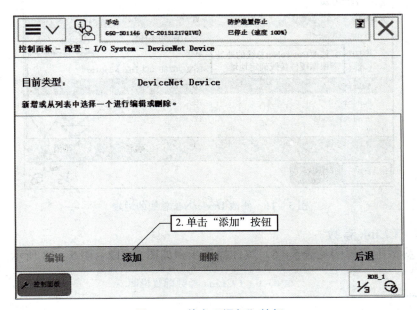

图 5 – 9　单击"添加"按钮

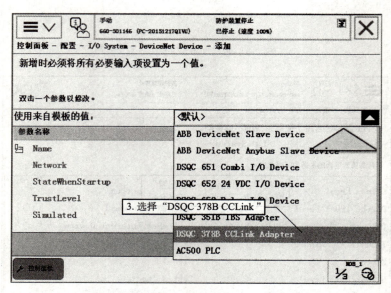

图 5 - 10　选择"DSQC 378B CCLink"

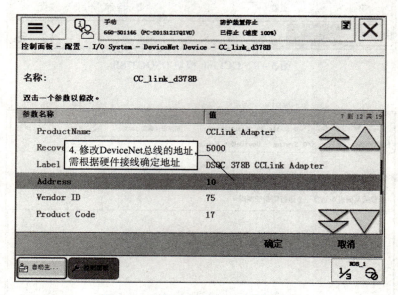

图 5 - 11　修改 DeviceNet 总线的地址

4. 配置 CCLink 参数

CCLink 参数配置说明见表 5 - 6。具体操作步骤如图 5 - 12～图 5 - 18 所示。

表 5 - 6　CCLink 参数配置说明

DeviceNet Command	—	allowed values	说明
StationNo	6，20，68，24，01，30，01，C6，1	范围 1～64	确定其在 CCLink 总线中的地址

续表

DeviceNet Command	—	allowed values	说明
BaudRate	6，20，68，24，01，30，02，C6，1	范围 0～4 0 = 156 kb/s 1 = 625 kb/s 2 = 2.5 Mb/s 3 = 5 Mb/s 4 = 10 Mb/s	确定其与 CCLink 总线中的通信速率。此处设置的波特率必须与主站处设置的一致，否则无法通信
OccStat	6，20，68，24，01，30，03，C6，1	范围 1～4 1 = 占用 1 个站数 2 = 占用 2 个站数 3 = 占用 3 个站数 4 = 占用 4 个站数	确定此站所用的虚拟站数
BasicIO	6，20，68，24，01，30，04，C6，1	范围 0～1 0 = 位数据 1 = 位数据/字数据	确定通信数据类型
Reset	4，20，01，24，01，C1，1	0	网关模块参数值

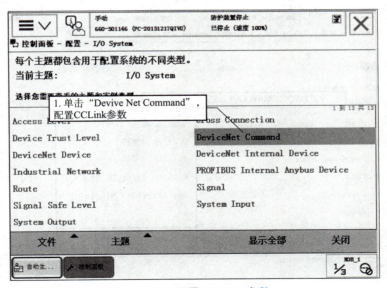

图 5 - 12　配置 CCLink 参数

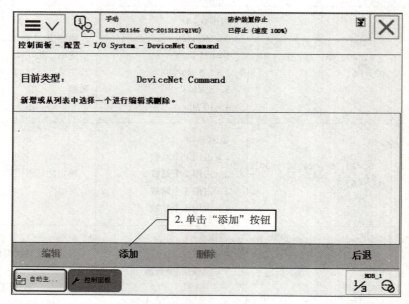

图 5 – 13　单击"添加"按钮

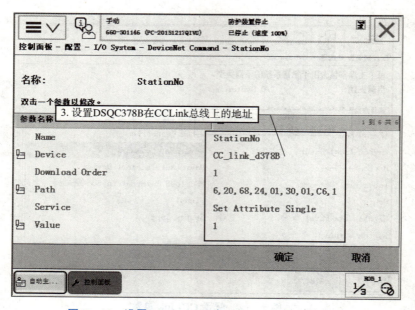

图 5 – 14　设置 DSQC378B 在 CCLink 总线上的地址

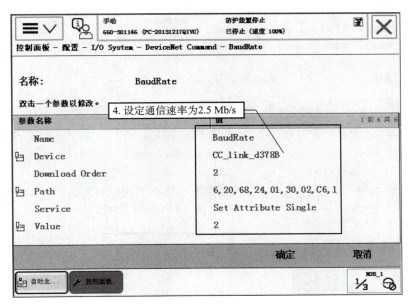

图 5 – 15　设定通信速率

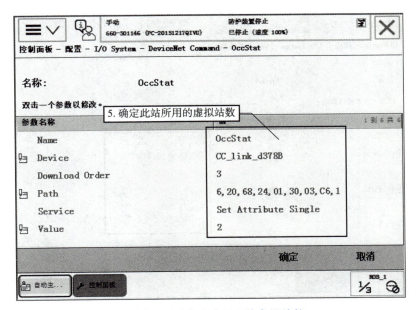

图 5 – 16　确定此站所用的虚拟站数

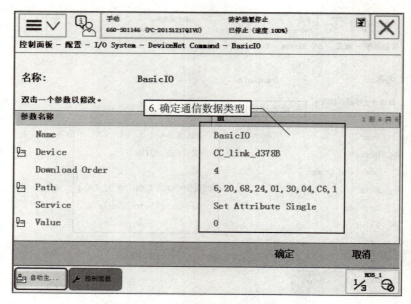

图 5－17　确定通信数据类型

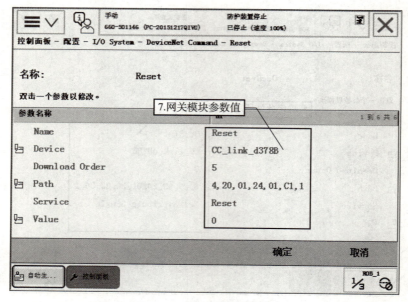

图 5－18　网关模块参数值

5.4.2　ABB 机器人通过 Profibus 总线与西门子 S7 – 300 系列 PLC 通信

ABB 机器人可通过 Profibus 总线与西门子 S7 – 300 系列 PLC 通信，下面介绍 ABB 机器人与 PLC 之间输入 32 点、输出 32 点的通信。

1. 硬件连接

硬件连接如图 6 – 19 所示。

Profibus 总线配置

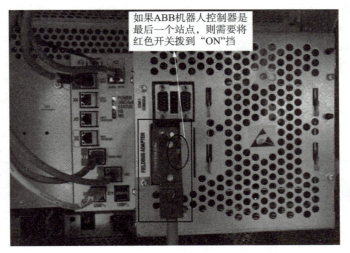

如果ABB机器人控制器是最后一个站点，则需要将红色开关拨到"ON"挡

图 5 – 19　硬件连接

2. 获取 ABB 机器人的 GSD 组态文件

具体操作步骤如图 5 – 20 ~ 图 5 – 23 所示。

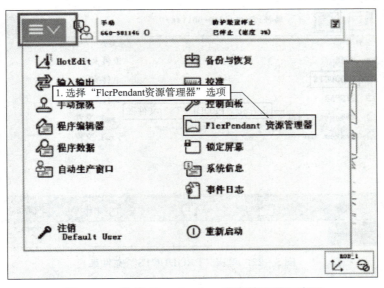

1. 选择"FlcrPendant资源管理器"选项

图 5 – 20　选择"FlcrPendant 资源管理器"选项

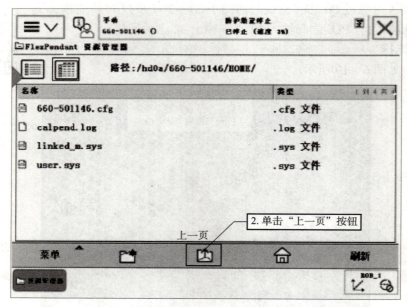

图 5-21　单击"上一页"按钮

获取 GSD 文件路径：PRODUCTS/RobotWare_6XX/utility/service/GSD/HMS_1811. gsd。

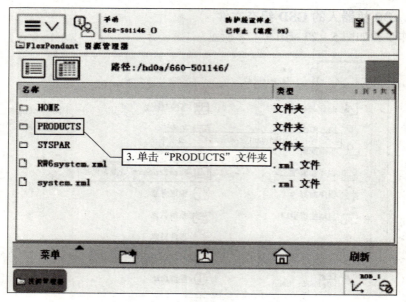

图 5-22　单击"PRODUCTS"文件夹

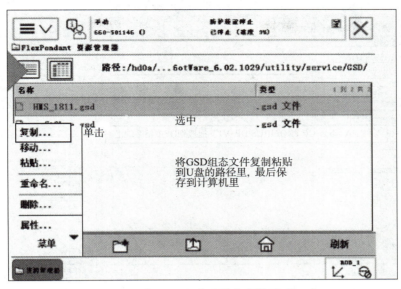

图 5 –23　将 GSD 组态文件复制粘贴到 U 盘

3. 将 ABB 机器人的 GSD 组态文件添加到 PLC 组态网络中

（1）打开西门子组态软件 SETP7，进入硬件组态界面，安装"HMS_1811.gsd"文件，如图 5 –24 所示。

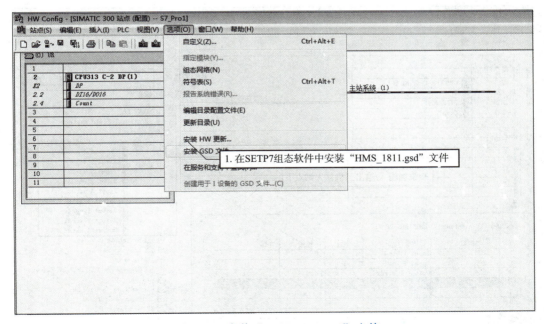

图 5 –24　安装"HMS_1811.gsd"文件

（2）将安装好的"Anybus – CC PROFIBUS DP – V1"拖拽到 DP 主站系统上，并设置 ABB 机器人站点的 Profibus 地址，这里设置为 4，如图 5 –25 所示。

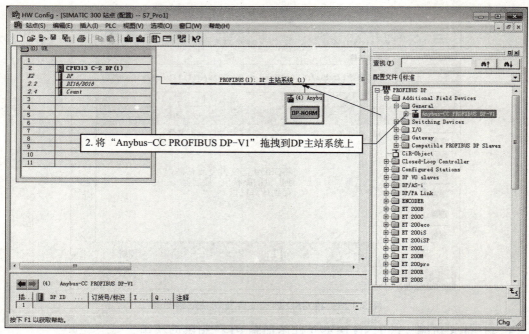

图 5 – 25　将"Anybus – CC PROFIBUS DP – V1"拖拽到 DP 主站系统上

（3）添加输入 32 点、输出 32 点到 ABB 机器人站点下，如图 5 – 26 所示。

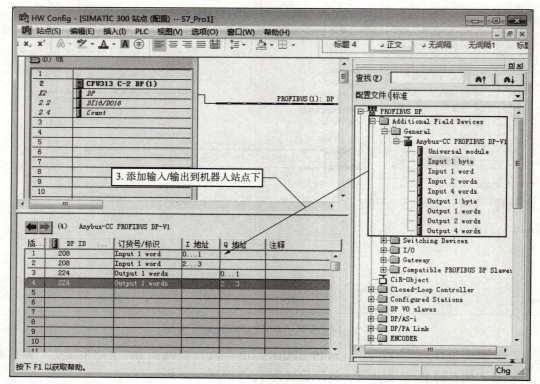

图 5 – 26　PLC 组态

（4）将组态好的网络下载到 PLC 设备。

4. 在 ABB 机器人端配置好 Profibus 地址(与 PLC 端配置的 ABB 机器人站点地址一致)

具体操作步骤如图 5 –27 ~ 图 5 –29 所示。

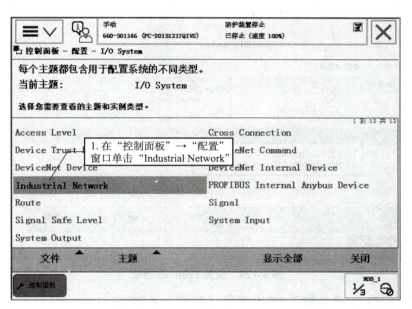

图 5 –27　单击"Industrial Network"

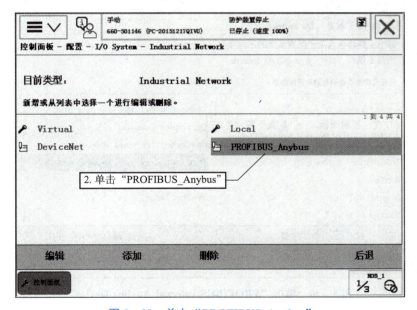

图 5 –28　单击"PROFIBUS_Anybus"

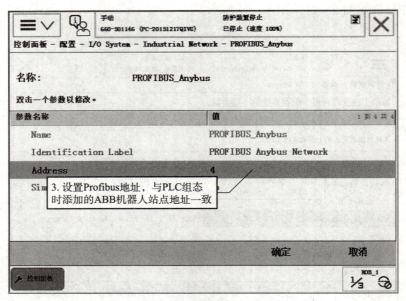

图 5 – 29　设置 Profibus 地址

5．设置 Profibus 通信输入/输出字节（32 位 ＝4 字节）

具体操作步骤如图 5 – 30 ~ 图 5 – 32 所示。

图 5 – 30　单击 "PROFIBUS Internal Anybus Device"

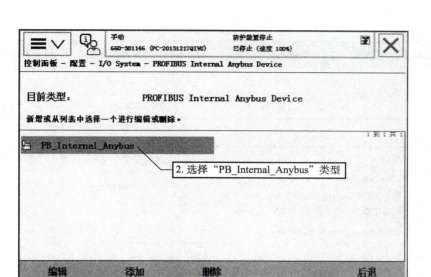

图 5-31　选择"PB_Internal_Anybus"类型

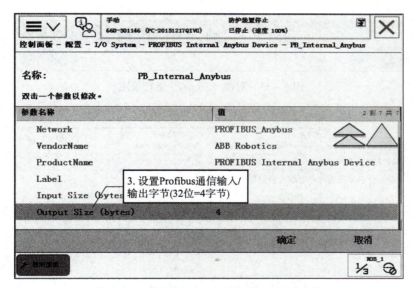

图 5-32　设置 Profibus 通信输入/输出字节

6. 创建信号

信号说明见表 5-7。具体操作步骤如图 5-33、图 5-34 所示。

表 5-7　信号说明

ABB 机器人端输出信号地址	PLC 端输入信号地址	ABB 机器人端输入信号地址	PLC 端输入信号地址
0...7	IB0	0...7	QB0
8...15	IB1	8...15	QB1

续表

ABB 机器人端输出信号地址	PLC 端输入信号地址	ABB 机器人端输入信号地址	PLC 端输入信号地址
15...23	IB2	15...23	QB2
23...31	IB3	23...31	QB3

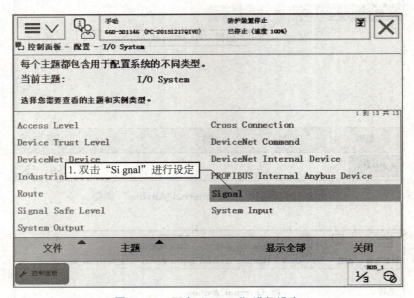

图 5-33　双击"Signal"进行设定

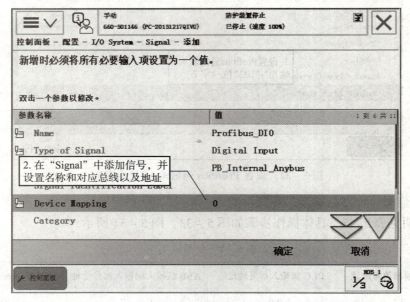

图 5-34　在"Signal"中添加信号，并设置名称和对应总线以及地址

5.4.3 Profinet 总线配置方法

下面以 ABB 机器人与西门子 S7 – 300 系列 PLC Profinet 通信为例，详细讲述配置方法。

Profinet 总线配置

1. 硬件连接

首先将 ABB 机器人与 PLC、计算机、触摸屏等设备进行可靠连接，如图 5 – 35 所示。

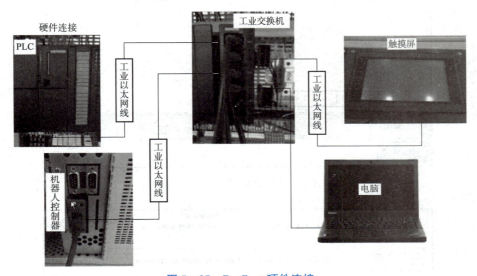

图 5 – 35 Profinet 硬件连接

2. 获取 ABB 机器人组态配置文件

由于 PLC 要进行硬件组态和网络组态，而组态时需要 ABB 机器人的 GSD 组态文件，故需要导出机器人的 GSD 组态文件，具体操作步骤如图 5 – 36 ～图 5 – 39 所示。

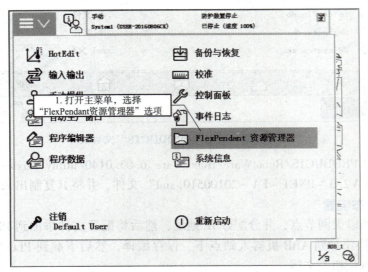

图 5 – 36 GSD 配置

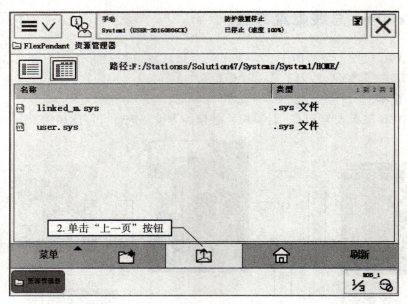

图 5−37　单击"上一页"按钮

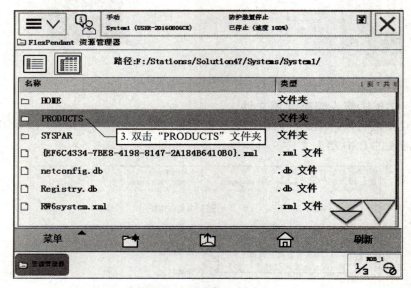

图 5−38　双击"PRODUCTS"文件夹

　　接下来按"PRODUCTS/RobotWare/RobotWare_6.03.0140/utility/service/GSDML"路径找到"GSDML−V2.0−PNET−FA−20100510.xml"文件，并将其复制出来。

3. PLC 组态配置

　　编辑 PLC 的以太网节点，并分配好 IP 地址，然后将配置文件添加到 PLC 组态网络中，将输入/输出模块添加到 ABB 机器人站点下，保存编译，然后下载到 PLC 中，PLC 组态详细操作请查阅 PLC 相关文档。

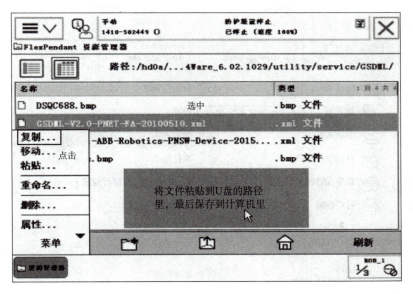

图 5 – 39　将文件复制到 U 盘

4. ABB 机器人端配置

设置 ABB 机器人 Profinet 通信的输入/输出字节（例如 32 个输入/输出，为 4 字节）。ABB 机器人端配置见表 5 – 8。

表 5 – 8　ABB 机器人端配置

参数名称	设置值	说明
Name	PN_Internal_Anybus	总线板卡名称
Network	PROFINET_Anybus	网络
VendorName	ABB Robotics	供应商名称
ProductName	PROFINET Internal Anybus Device	产品名称
Label	——	标签
Input Size（bytes）	4	输入大小（字节）
Output Size（bytes）	4	输出大小（字节）

示教器配置操作步骤如图 5 – 40 ~ 图 5 – 44 所示。

5. 创建信号

创建信号说明见表 5 – 9。

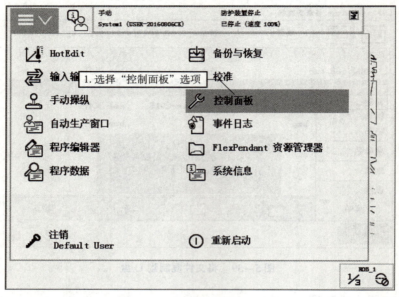

图 5−40　选择"控制面板"选项

图 5−41　选择"配置"选项

图 5 – 42　选择"PROFINET Internal Anybus Device"选项

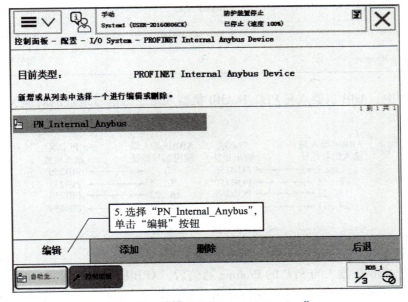

图 5 – 43　编辑"PN_Internal_Anybus"

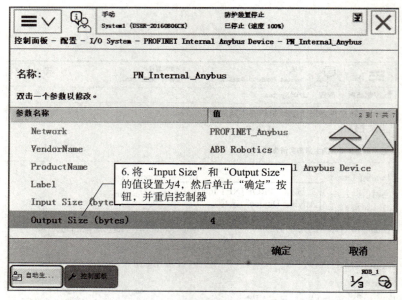

图 5 – 44　设置 "Input Size" 和 "Output Size"

表 5 – 9　创建信号说明

参数名称	设置值	说明
Name	di0	信号名称
Type of Signal	Digital Input	信号类型
Assigned to Device	PN_Internal_Anybus	分配的设备
Device Mapping	0	信号地址

在此案例中，ABB 机器人与 PLC 中 ABB 机器人站点的信号地址的对应关系如图 5 – 45 所示。

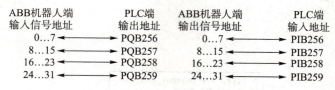

图 5 – 45　对应关系

6. 查看通信情况

成功建立 ABB 机器人与 PLC 的 Profinet 通信后，ABB 机器人控制器上的 Profinet 接口上的 3 个 LED 灯（NS、LINK、MS）都会显示绿灯，如图 5 – 46 所示，如果不都显示绿灯，则说明通信是有故障的，可根据 ABB 机器人随机光盘手册中的相关说明文档中不同状态灯对应的问题描述来排查故障。

至此，ABB 机器人 Profinet 总线配置完成，具体配置还应根据实际确定。

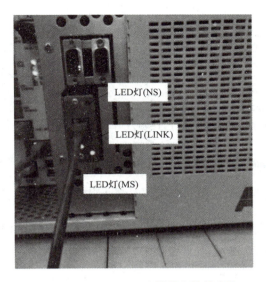

图 5 – 46　Profinet 通信模块上的状态灯

5.4.4　ABB 机器人串口通信配置

配置步骤如下。

1. 硬件连接

IRC5 串口 COM1 是（9 针公头）插针形式插座，如图 5 – 47 所示，选择串口线时，IRC5 控制器一端一定是（9 孔母头）插孔形式插头，如图 5 – 48 所示，另一端需根据连接对象选择合适的接头，通常来说，与 PC 串口连接时，需要采用交叉接法的串口线，与外部设备连接时，需要采用直连接法的串口线。

RS232 串口
通讯配置（上）

RS232 串口
通讯配置（下）

图 5 – 47　9 针公头

图 5 – 48　9 孔母头

2. RS – 232 串口参数设置

打开示教器主菜单，选择"控制面板"→"配置"选项。接下来的步骤如图 5 – 49 ~ 图 5 – 52 所示。

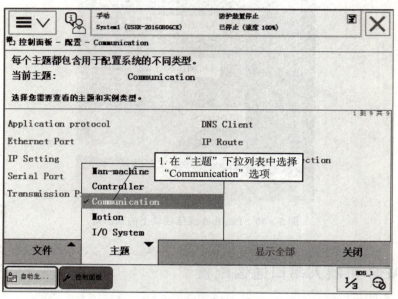

图 5－49　在"主题"下拉列表中选择"Communication"选项

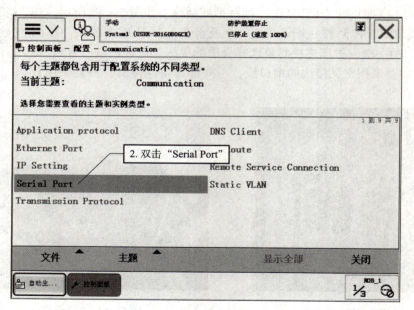

图 5－50　双击"Serial Port"

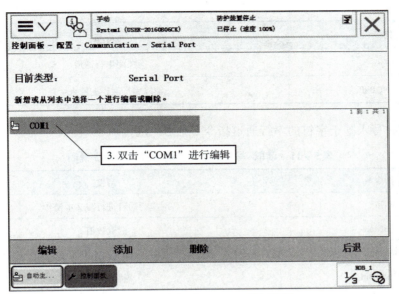

图 5－51　双击"COM1"进行编辑

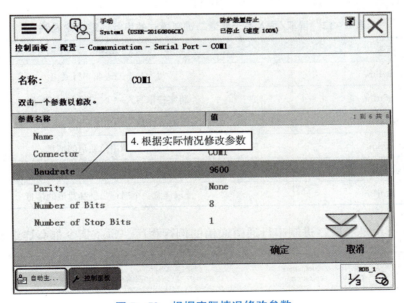

图 5－52　根据实际情况修改参数

说明：此参数需要与点对点连接的另一个串口通信设备保持一致。

3. RAPID 串口操作指令

（1）打开/关闭串行通道指令（表 5－10）。

表 5－10　打开/关闭串行通道指令说明

指令	用途
Open	打开串行通道，以便读取或写入

指令	用途
Close	关闭串行通道
ClearIOBuff	清除串行通道的输入缓存

（2）读取/写入基于字符的串行通道指令（表5-11）。

表5-11　读取/写入基于字符的串行通道指令说明

指令	用途
Write	对串行通道进行写文本操作
ReadNum	读取数值
ReadStr	读取文本串
WriteStrBin	写字符操作

（3）读取/写入基于普通二进制模式的串行通道指令（表5-12）。

表5-12　读取/写入基于普通二进制模式的串行通道指令说明

指令	用途
WriteBin	写入一个二进制串行通道
WriteStrBin	将字符串写入一个二进制串行通道
WriteAnyBin	写入任意一个二进制串行通道
ReadBin	读取二进制串行通道的信息
ReadStrBin	从一个二进制串行通道中读取一个字符串
ReadAnyBin	读取任意一个串行二进制通道的信息

图5-53所示是一段二进制串行通道通信的例行程序，每条指令都有详细解释。

```
1    MODULE TEST1
2        VAR iodev ComChannel;              !串口通道数据
3        VAR string Count;                  !字符型数据, 用于接收上位机指令
4    !***************************************************************************
5        PROC main()
6            Open "com1:", ComChannel \Append\Bin;    !打开"com1"并连接到 ComChannel（二进制）
7            ClearIOBuff  ComChannel;       !清空串口缓存
8            WriteStrBin ComChannel,"OK";   !将字符串"OK"写入一个二进制串行通道
9    !***************************************************************************
10           WHILE TRUE DO
11               Count:=ReadStrbin(ComChannel,2); !从二进制串行通道接收数据, 保存在Count里
12               IF Count="AA" THEN               !接收的数据等于"AA", 机器人执行A_main子程序
13                   A_main;
14               ENDIF
15               IF Count="BB" THEN               !接收的数据等于"BB", 机器人执行B_main子程序
16                   B_main;
17               ENDIF
18           ENDWHILE
19    !***************************************************************************
20       ENDPROC
21
```

图5-53　二进制串口通道通信的例行程序

4. ABB 机器人串口通信常见故障与分析

（1）串口收发没有数据：请用万用表检查串口线缆是否断线。

（2）串口收发有数据，但格式和长度不正确：请检查两边设备的串口设置是否一致。

常用 PC 调试软件有串口调试助手、串口跟踪软件等。

5.5　考核评价

任务 5.1　学会使用 ABB 机器人示教器配置 CCLink 总线通信的方法

要求：对 ABB 机器人 CCLink 总线有深刻理解，学会如何通过示教器进行相关的配置，在通信失败时能找出原因，能用专业语言正确流利地展示配置的基本步骤，思路清晰、有条理，能圆满地回答老师与同学提出的问题，并能提出一些新的建议。

任务 5.2　学会使用 ABB 机器人示教器配置 Profibus 总线通信的方法

要求：对 ABB 机器人 Profibus 总线有深刻理解，学会如何通过示教器进行相关的配置，在通信失败时能找出原因，能用专业语言正确流利地展示配置的基本步骤，思路清晰、有条理，能圆满地回答老师与同学提出的问题，并能提出一些新的建议。

任务 5.3　学会使用 ABB 机器人示教器配置 Profinet 总线通信的方法

要求：对 ABB 机器人 Profinet 总线有深刻理解，学会如何通过示教器进行相关的配置，在通信失败时能找出原因，能用专业语言正确流利地展示配置的基本步骤，思路清晰、有条理，能圆满地回答老师与同学提出的问题，并能提出一些新的建议。

任务 5.4　学会使用 ABB 机器人示教器配置串口通信的方法

要求：对 ABB 机器人串口通信有深刻理解，学会如何通过示教器进行相关的配置，在通信失败时能找出原因，能用专业语言正确流利地展示配置的基本步骤，思路清晰、有条理，能圆满地回答老师与同学提出的问题，并能提出一些新的建议。

5.6　扩展提高

任务 5.5　ABB 机器人通过 RS–232 协议与上位机（工控机）进行通信

要求：能够编写 ABB 机器人串口通信程序与上位机（工控机）进行通信，能用专业语言正确流利地展示配置的基本步骤，思路清晰、有条理，能圆满地回答老师与同学提出的问题，并能提出一些新的建议。

项目六

ABB 机器人 TCP 练习

6.1 项目描述

ABB 机器人是面向工业领域的多关节机械手或多自由度的机器装置，它能自动执行工作，是靠自身动力和控制能力实现各种功能的一种机器。它可以接受人类指挥，也可以按照预先编排的程序运行，现代的 ABB 机器人还可以根据人工智能技术制定的原则纲领行动。

市面上没有专门用于 ABB 机器人入门学习的产品，本书的 TCP 练习模块可以使初学者轻松入门，学好 ABB 机器人的基本操作。

6.2 教学目的

通过本项目的学习让学生了解 ABB 机器人的工具坐标的设定，并掌握设定的方法及其意义，掌握各条运动指令的用法及其应用场合，熟练地掌握 ABB 机器人的手动操作方法，通过示教器正确地操作 ABB 机器人，并对 ABB 机器人进行示教。本项目内容为 ABB 机器人基础知识及手动操作，会出现大量的点位示教环节，学生可以按照本项目所介绍的操作方法同步操作，为后续复杂程序的编写打下坚实的基础。

6.3 知识准备

ABB 机器人运动指令相关内容见 4.3.2 节。

6.4 任务实现

6.4.1 TCP 练习工具坐标的建立

工具坐标是 ABB 机器人运动的基准。ABB 机器人的工具坐标系是由 TCP 与坐标方位组成的，ABB 机器人运动时，工具坐标系是必需的。

1. 工具坐标的设定

首先为 TCP 练习笔建立一个工具数据（例如 tool1），如图 6−1 所示。

图 6−1 工具坐标的设定（1）

选择"tool1"，在"编辑"下拉列表中选择"定义"选项，如图 6−2 所示。

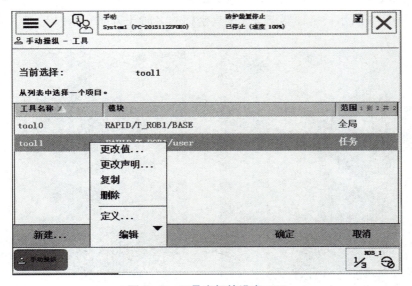

图 6−2 工具坐标的设定（2）

在"方法"下拉列表中选择"TCP 和 Z，X"选择，单击"确定"按钮，如图 6−3 所示。

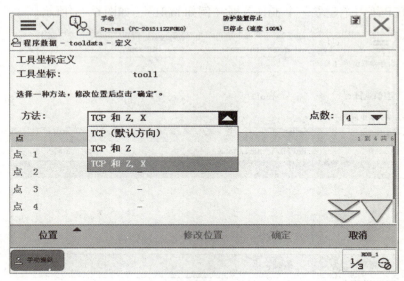

图 6 – 3　工具坐标的设定（3）

使用示教器以 4 种不动姿态移动机器人，让参考点 A 和参考点 B 接触（切记要单击修改位置，保存每个点的位置数据）。第 1 个位置如图 6 – 4 所示；第 2 个位置如图 6 – 5 所示；第 3 个位置如图 6 – 6 所示；第 4 个位置如图 6 – 7 所示；延伸器点 X（工具坐标的 X 轴正方向）如图 6 – 8 所示；延伸器点 Z（工具坐标的 Z 轴正方向）如图 6 – 9 所示。

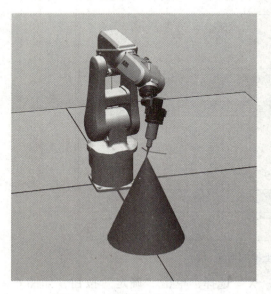

图 6 – 4　工具坐标的设定（4）

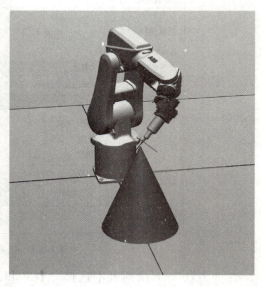

图 6 – 5　工具坐标的设定（5）

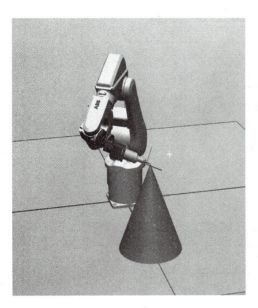

图 6-6　工具坐标的设定（6）

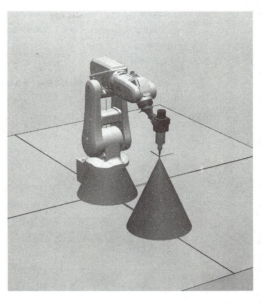

图 6-7　工具坐标的设定（7）

图 6-8　工具坐标的设定（8）

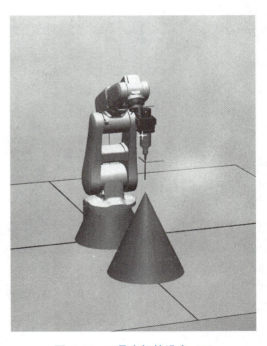

图 6-9　工具坐标的设定（9）

全部修改完成后单击"确定"按钮，就可以查看计算出的误差（如果没有问题，单击"确认"按钮，反之单击"取消"按钮重新示教点位），如图 6-10 所示。

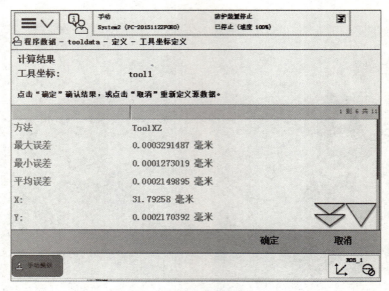

图6-10　工具坐标的设定（10）

2. 修改工具质量 mass（单位为 kg）

在"编辑"下拉列表中选择"更改值"选项，如图6-11所示。

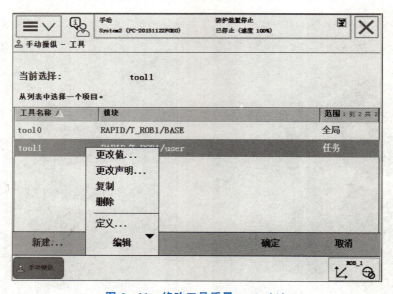

图6-11　修改工具质量 mass（1）

单击"mass"，填入实际工具质量（约2 kg），另外，根据实际情况将工具的重心位置填入"cog"处（约，10，-5，50），如图6-12所示。

至此，TCP练习笔的工具坐标创建完成。

3. 工具坐标的检验

将"动作模式"选定为"重定位"，将"坐标系"选定为"工具"，将"工具坐标"选定为"tool1"，如图6-13所示。

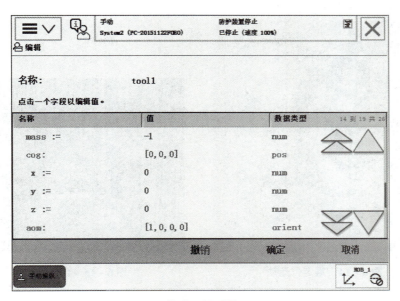

图 6 – 12　修改工具质量 mass （2）

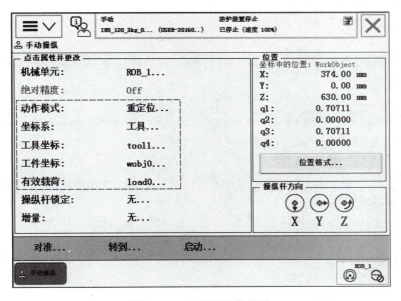

图 6 – 13　工具坐标的检验

　　手动操作机器人 ABB 进行重定位运动（图 6 – 14），检验新创建的工具坐标 tool1 的精度。如果工具坐标设定精确，可以看到工具参考点与固定点始终保持接触，而 ABB 机器人会根据重定位操作改变姿态。

6.4.2　TCP 练习点位示教

　　在本任务中，一共需要示教 9 个点，位置如图 6 – 15 所示。

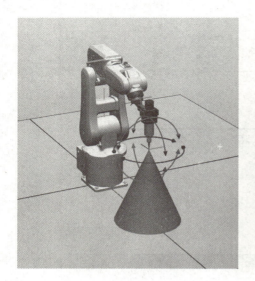

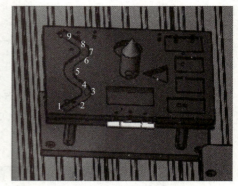

图 6 – 14　重定位运动　　　　　　图 6 – 15　示教点位

6.4.3　TCP 练习程序的编写

TCP 练习程序如下：

```
! ********************** ABB 机器人 TCP 练习程序 ***************************
**
MODULE D_Wrok
! ****************************** TCP 数据 ******************************
TASK PERS tooldata tool1:=[ *** ]; ! 吸嘴 TCP
!
───────────────────────────────────────────────────────────
! 九个点位数据
CONST robtarget pD_quxian{9}:=[ *** ],[ *** ],[ *** ],[ *** ],[ *** ],[ **
* ],[ *** ],[ *** ],[ *** ];
! ************************** 主程序 **********************************
PROC main()
  D_quxian; ! 走曲线子程序
  ExitCycle; ! 退出程序
ENDPROC
!
───────────────────────────────────────────────────────────
! ************************** 走曲线 **********************************
PROC D_quxian() ! 走曲线
    MoveJ Offs(pD_quxian{1},0,0,50),v1500,fine,tool1; ! 使用关节运
动到点 1 上方
```

```
        MoveL pD_quxian{1}, v100, fine, tool1;           ! 使用线性运动到
点1
    MoveL pD_quxian{2}, v100, fine, tool1;              ! 使用线性运动到点2
    MoveC pD_quxian{3},pD_quxian{4}, v100, fine, tool1;! 使用圆弧运动
经过点3 到点4
    MoveC pD_quxian{5},pD_quxian{6}, v100, fine, tool1;! 使用圆弧运动
经过点5 到点6
    MoveC pD_quxian{7},pD_quxian{8}, v100, fine, tool1;! 使用圆弧运动
经过点7 到点8
    MoveL pD_quxian{9},v100, fine, tool1; ! 使用线性运动到点9
    MoveL Offs(pD_quxian{9},0,0,50), v1500, fine, tool1;! 使用线性运动
到点9 上方
ENDPROC
!

ENDMODULE
!
```

6.5　考 核 评 价

任务 6.1　使用 ABB 机器人示教器设定 TCP 练习笔的工具坐标

要求：能清楚描述 ABB 机器人工具坐标的创建方法，使用示教器精确地设定 TCP，并将误差控制在 0.5mm 以内，能清楚描述 ABB 机器人基坐标的创建方法，能用专业语言正确流利地展示配置的基本步骤，思路清晰、有条理，能圆满地回答老师与同学提出的问题，并能提出一些新的建议。

任务 6.2　编写 ABB 机器人 TCP 练习程序

要求：熟练掌握 ABB 机器人的指令及操作，编写一个走圆形程序或走三角形程序，在编程及调试过程中，不损坏 TCP 练习笔，不碰撞其他部件，能用专业语言正确流利地展示配置的基本步骤，思路清晰、有条理，能圆满地回答老师与同学提出的问题，并能提出一些新的建议。

项目七

ABB 搬运码垛机器人

7.1 项目描述

  码垛，用通俗的语言来说就是将物品整齐地堆放在一起。这项工作起初由人工进行，随着科技的发展，人已经慢慢退出了这个舞台，取而代之的是 ABB 机器人。ABB 机器人码垛的优点是显而易见的，从近期看，可能刚开始投入的成本会很高，但是从长远的角度来看，ABB 机器人码垛还是很不错的，就工作效率来说，ABB 机器人码垛不仅速度快、美观，而且可以不间断地工作，大大提高了工作效率。人工码垛存在很多危险，而 ABB 机器人码垛，效率和安全一手抓，适用范围广。

  本项目的主要学习内容包括：ABB 搬运码垛机器人工作站的主要组成单元、ABB 机器人输入/输出信号配置方法、ABB 搬运码垛机器人复杂程序数据赋值、ABB 机器人中断程序、ABB 搬运码垛机器人点位示教以及 ABB 搬运码垛机器人程序编写等。

7.2 教学目的

  通过本项目的学习，让学生了解 ABB 搬运码垛机器人工作站的主要组成单元，掌握 ABB 机器人输入/输出信号配置方法，掌握 ABB 搬运码垛机器人物料放置位置的计算，掌握 ABB 机器人中断指令及程序的编写、掌握 ABB 搬运码垛机器人的点位示教以及程序的编写。

7.3 知识准备

7.3.1 ABB 搬运码垛机器人工作站的主要组成单元及工作流程介绍

  ABB 搬运码垛机器人工作站的主要组成单元如图 7-1 所示。

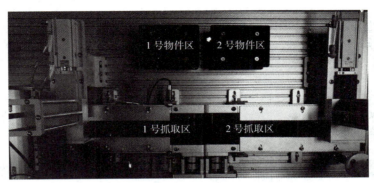

图 7 – 1 ABB 搬运码垛机器人工作站的主要组成单元

机械手先移动控制左边的自动下料工具下料，再移动到 1 号抓取区上方，等待光电对射传感器检测工件，移动到 1 号抓取区抓取工件码垛到 1 号物件区。然后控制右边的自动下料工具下料，移动到 2 号抓取区上方，等待光电对射传感器检测工件，移动到 2 号抓取区抓取工件码垛到 2 号物件区。如此循环往复。

7.3.2 ABB 机器人赋值指令介绍

ABB 机器人赋值指令的相关内容见 4.3.4 节。

7.3.3 ABB 机器人中断程序介绍

ABB 机器人中断程序的相关内容见 4.3.8 节。

7.4 任 务 实 现

7.4.1 ABB 搬运码垛机器人工具坐标的设定

图 7 – 2 所示为本任务中需要设置吸盘的 TCP。用"4 点法 + X、Z 方向"的方式设置吸盘的 TCP。以手动操作使吸盘在 TCP 练习模块中以 4 种不同的姿态对准 TCP 设置点，再设置好 X 和 Z 的方向。

1. 工具坐标的设定

首先为吸盘建立一个工具数据（例如 tool1），如图 7 – 3 所示。

选择"tool1"，在"编辑"下拉列表中选择"定义"选项，如图 7 – 4 所示。

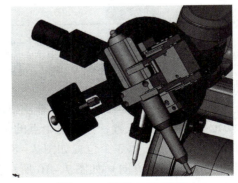

图 7 – 2 吸盘 TCP 设定

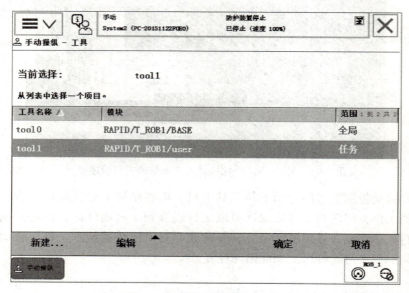

图 7 – 3 工具坐标的设定（1）

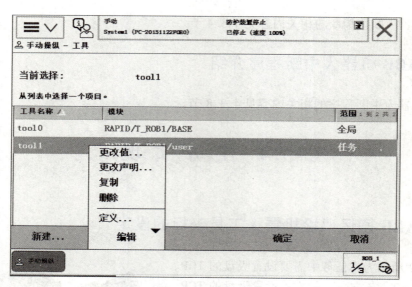

图 7 – 4 工具坐标的设定（2）

在"方法"下拉列表中选择"TCP 和 Z, X"选项，单击"确定"按钮，如图 7 – 5 所示。

使用示教器以 4 种不同姿态移动 ABB 搬运码垛机器人，让参考点 A 和参考点 B 接触（切记要单击修改位置，保存每个点的位置数据）。第 1 个位置如图 7 – 6 所示；第 2 个位置如图 7 – 7 所示；第 3 个位置如图 7 – 8 所示；第 4 个位置如图 7 – 9 所示；延伸器点 X（工具坐标的 X 轴正方向）如图 7 – 10 所示；延伸器点 Z（工具坐标的 Z 轴正方向）如图 7 – 11 所示。

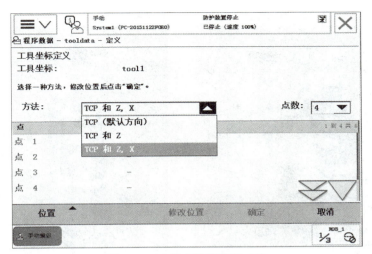

图 7-5　工具坐标的设定（3）

图 7-6　工具坐标的设定（4）

图 7-7　工具坐标的设定（5）

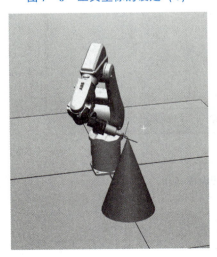

图 7-8　工具坐标的设定（6）

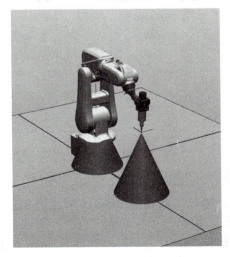

图 7-9　工具坐标的设定（7）

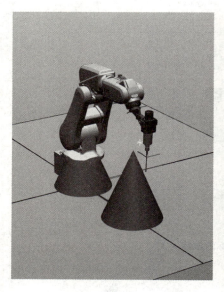

图7-10　工具坐标的设定（8）

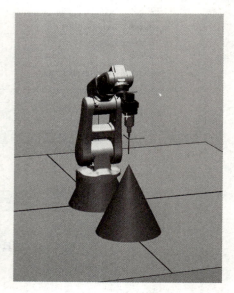

图7-11　工具坐标的设定（9）

全部修改完成后单击"确认"按钮，就可以查看计算出的误差（如没有问题，单击"确认"按钮，反之单击"取消"按钮，重新示教点位），如图7-12所示。

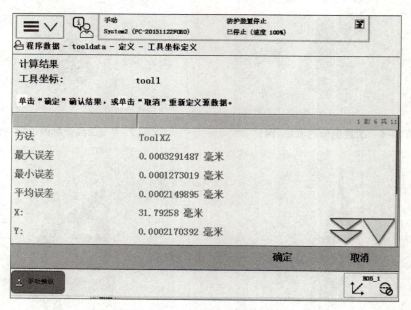

图7-12　工具坐标的设定（10）

2. 修改工具质量 mass（单位为 kg）

在"编辑"下拉列表中选择"更改值"选项，如图7-13所示。

单击"mass"，填入实际工具质量（约2 kg），另外，根据实际情况将工具的重心位置填入"cog"处（约10，-5，50），如图7-14所示。

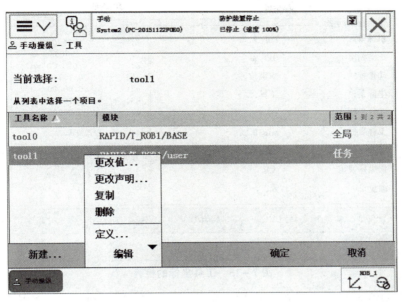

图 7 – 13　修改工具质量 mass（1）

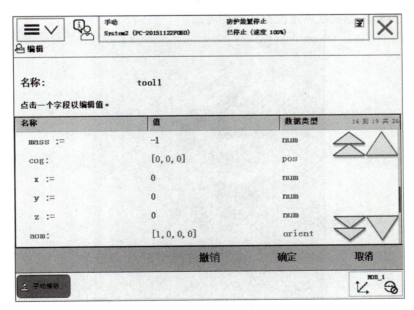

图 7 – 14　修改工具质量 mass（2）

至此，吸盘的工具坐标创建完成。

3. 工具坐标的检验

将"动作模式"选定为"重定位"，将"坐标系"选定为"工具"，将"工具坐标"选定为"tool1"，如图 7 – 15 所示。

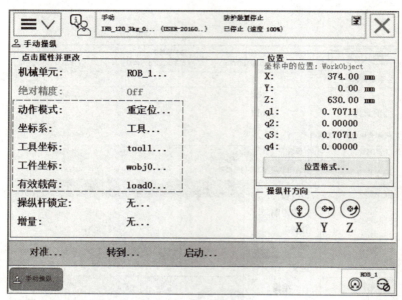

图 7－15　工具坐标的检验

　　手动操作 ABB 搬运码垛机器人进行重定位运动（图 7－16），检验新创建的工具坐标 tool1 的精度。如果工具坐标设定精确，可以看到工具参考点与固定点始终保持接触，而 ABB 搬运码垛机器人会根据重定位操作改变姿态。

图 7－16　重定位运动

7.4.2　ABB 搬运码垛机器人输入/输出信号配置

1. 配置 DSQC652 板

　　配置 DSQC652 需要设置的参数见表 7－1。

表 7 – 1　DSQC652 板参数

使用来自模板的值	Name	DeviceNet Address
DSQC 652 24VDC I/O Device	D652	10

2. 配置 DSQC652 板的输入/输出 O 信号

需要配置的 DSQC652 板的输入/输出信号见表 7 – 2。

表 7 – 2　输入/输出信号

Name	Type of Signal	Assigned to Unit	Invert Physical Value	Unit Mapping	信号用途说明
D652_in1	Digital Input	D652	On	0	电动机上电
D652_in2	Digital Input	D652	On	1	程序复位并运行
D652_in3	Digital Input	D652	On	2	程序停止
D652_in4	Digital Input	D652	On	3	程序启动
D652_in5	Digital Input	D652	On	4	电动机下电
D652_out6	Digital output	D652	On	5	控制吸盘吸气
D652_out9_red	Digital output	D652	Yes	8	控制 ABB 搬运码垛机器人急停信号灯
D652_out10_yellow	Digital output	D652	Yes	9	控制 ABB 搬运码垛机器人电动机下电信号灯
D652_out11_green	Digital output	D652	Yes	10	控制 ABB 搬运码垛机器人电动机上电信号灯

3. 配置系统输入/输出与输入/输出信号的关联

在示教器中，根据表 7 – 3 所示的参数配置系统输入/输出。

表 7 – 3　系统输入/输出

Type	Signal Name	Action \ Status	用途说明
System Input	D652_in1	Motor On	电动机上电
System Input	D652_in2	Start Main	从主程序运行（初始化）
System Input	D652_in3	Start	程序启动
System Input	D652_in4	Stop	程序停止
System Input	D652_in5	Motor Off	电动机下电
System output	D652_out9_red	Emergency Stop	急停信号灯
System output	D652_out10_yellow	Motor On State	电动机上电信号灯
System output	D652_out11_green	Motor Off State	电动机下电信号灯

7.4.3　ABB 搬运码垛机器人点位示教

在本任务中，一共需要示教 4 个点。其中包括一个 Home 原点，物料区 1、传送带上各 1 个点，如图 7 - 17 所示。

图 7 - 17　搬运码垛机器人点位示教

7.4.4　ABB 搬运码垛机器人程序的编写和点位示教

程序如下：

```
! ***************************** ABB 搬运码垛机器人演示程序 ************************
*******
MODULE B_Wrok
! ***************************** 程序数据 *********************************
VAR intnum intno1:=0;
VAR intnum intno2:=0;
VAR intnum intno3:=0;
VAR intnum intno4:=0;
!


! ************************** TCP 数据 **********************************
toolxi:=[ *** ];! 吸盘 TCP
!


! *************************** 点位数据 **********************************
CONST robtarget pB_home:=[ *** ];
CONST robtarget pB_home2:=[ *** ];
CONST robtarget pB_zhua{2}:=[ *** ];
CONST robtarget pB_fang{2}:=[ *** ];
```

```
!

!********************************* 主程序 *********************************
PROC B_main()
      B_init;                  ! 初始化
      WHILE TRUE DO
      B_rBanwuliao;      ! 搬运工件
      Movement;          ! 更改搬运工件放置的位置
      ENDWHILEEND
PROC
!

!********************************* 初始化程序 *********************************
   PROC rInit()
      WriteStrBin ComChannel,"pal_startline2";! 启动左边的流水线
      pianyi_x:=0;                  ! 清空偏移数据
      pianyi_y:=0;
      pianyi_z:=0;
      IDelete intno1;              ! 开启中断
      CONNECT intno1 WITH tStopline1;
      ISignalDI D652_in6,1,intno1;  ! D652_in6 为 1,进入 intno1 中断
程序

      IDelete intno2;
      CONNECT intno2 WITH tStopline2;
      ISignalDI D652_in7,1,intno2;

      IDelete intno3;
      CONNECT intno3 WITH tStopline3;
      ISignalDI D652_in16,1,intno3;

      IDelete intno4;
      CONNECT intno4 WITH tStopline4;
      ISignalDI D652_in14,1,intno4;

      Set D652_out6;  ! 左边的自动下料工具下料
      MoveJ pB_Home,v1500,z50,tool0;
   ENDPROC
```

```
!
```

```
! ***************************** 搬运工件 *****************************
PROC B_ rBanwuliao ()
FOR i FROM 1 TO 2 DO          ! 循环两次,分别从两条流水线抓取工件到相应物件区
    MoveJ Offs(pB_zhua{i},0,0,150),v1500,z50,toolxi; ! 根据循环次数移
动到相应抓取区上方
    IF i =1 THEN   ! 如果是去1号抓取区
    WaitDI D652_in7,1;  ! 则等待左边的光电对射传感器检测到工件
    Set D652_out5;    ! 右边的自动下料工具启动下料
    WaitTime 0.5;
    WriteStrBin ComChannel,"pal_startline1"; ! 启动右边的传送带
    ELSE   ! 如果是去2号抓取区
    WaitDI D652_in6,1;  ! 则等待右边的光电对射传感器检测到工件
    Set D652_out6;    ! 左边的自动下料工具下料
    WaitTime 0.5;
    WriteStrBin ComChannel,"pal_startline2";  ! 启动左边的流水线
    ENDIF
    MoveL Offs(pB_zhua{i},0,0,10),v1500,fine,toolxi;  ! 抓取工件
    MoveL Offs(pB_zhua{i},0,0,-3),v50,fine,toolxi;
    Set D652_out3;
    WaitTime 0.5;
    MoveL Offs(pB_zhua{i},0,0,10),v100,fine,toolxi;
    MoveL Offs(pB_zhua{i},0,0,150 +(pianyi_z *19)),v1500,z50,toolxi;
    ! ---------------------------------------------------------------
    ! 放置工件
    MoveJ Offs(pB_fang{i}, -pianyi_x *65, -pianyi_y *45,150 +(pianyi_z *
19)),v1500,z50,toolxi;
    MoveL Offs(pB_fang{i}, -pianyi_x *65, -pianyi_y *45,10 +(pianyi_
z *19)),v1500,fine,toolxi;
    MoveL Offs(pB_fang{i}, -pianyi_x *65, -pianyi_y *45,0 +(pianyi_z *
19)),v50,fine,toolxi;
    Reset D652_out3;
    WaitTime 0.5;
    MoveL Offs(pB_fang{i}, -pianyi_x *65, -pianyi_y *45,10 +(pianyi_
z *19)),v100,fine,toolxi;
    MoveL Offs(pB_fang{i}, -pianyi_x *65, -pianyi_y *45,150 +(pianyi
_z *19)),v1500,z50,toolxi;
```

```
      MoveJ pB_Home2,v1500,fine,toolxi;
   ENDFOR
ENDPROC
!
```

```
! ****************** 更改搬运放置位置 ****************************
PROC Movement()
   IF pianyi_x =1 THEN    ! 如果 x 方向已经偏移过
     pianyi_x: = 0;      ! x 方向不偏移
     IF pianyi_y =1 THEN      ! 如果 y 方向已经偏移过
       pianyi_y: = 0;            ! y 方向不偏移
       pianyi_z: = pianyi_z +1;   ! 高度上升一层
     ELSE          ! 如果 y 方向没有偏移过
     pianyi_y: =1;      ! y 方向偏移
     ENDIF
   ELSE            ! 如果 x 方向没有偏移过
     pianyi_x: =1;   ! x 方向偏移
   ENDIF
ENDPROC
```

```
TRAP tStopline1     ! 当左边的光电对射传感器检测到工件时停止左边的流水线
        WriteStrBin ComChannel,"pal_stopline1";
ENDTRAP
```

```
TRAP tStopline2     ! 当右边的光电对射传感器检测到工件时停止右边的流水线
        WriteStrBin ComChannel,"pal_stopline2";
ENDTRAP
```

```
TRAP tStopline3 ! 当左边的自动下料工具下料完成后,收回左边的下料工具
        Reset D652_out6;
ENDTRAP
```

```
TRAP tStopline4 ! 当右边的自动下料工具下料完成后,收回右边的下料工具
        Reset D652_out5;
ENDTRAPENDMODULE!
```

请思考如何对以上演示程序进行优化。

7.5 考 核 评 价

任务 7.1　使用 ABB 机器人示教器设定一个完整的工具坐标

要求：能清楚描述 ABB 机器人工具坐标的创建方法，使用示教器精确地设定 TCP，并将误差控制在 0.5 mm 以内，能用专业语言正确流利地展示配置的基本步骤，思路清晰、有条理，能圆满地回答老师与同学提出的问题，并能提出一些新的建议。

任务 7.2　修改程序，改变 1 号物件区和 2 号物件区的放料顺序

要求：通过修改原有的程序，改变 1 号物件区和 2 号物件区的放料顺序，在调试过程中，不能出现 ABB 机器人碰撞及类似的情况，能用专业语言正确流利地展示配置的基本步骤，思路清晰、有条理，能圆满地回答老师与同学提出的问题，并能提出一些新的建议。

7.6 扩 展 提 高

任务 7.3　独自编写 ABB 搬运码垛机器人程序

要求：熟练掌握 ABB 机器人的手动操作及各条指令的用法，根据自己的思路，画出流程图，重新编写 ABB 搬运码垛机器人程序。

项目八

ABB 智能分拣机器人

8.1 项目描述

随着时代的发展，高效、快速是生产技术主要任务，为解放多余劳动力，提高生产效率，降低生产成本，缩短生产周期，工业机器人与视觉系统结合的智能分拣便应运而生，它可以代替人工进行货物分类、搬运和装卸工作或代替人工搬运危险物品。

本项目的主要学习内容包括：了解 ABB 智能分拣机器人工作站的主要组成单元，了解 ABB 智能分拣机器人的相关指令，了解 ABB 机器人的输入/输出信号配置，创建工具数据、基坐标数据和有效载荷，独立完成程序编写等。

8.2 教学目的

通过本项目的学习让学生了解 ABB 智能分拣机器人，了解 ABB 智能分拣机器人工作站主要组成单元，在工作站中配置好输入/输出单元及信号，并通过示教器与系统输入/输出信号关联，创建 ABB 智能分拣机器人所需的工具坐标、工件坐标，了解 ABB 机器人的常用运动指令、I/O 控制指令、逻辑控制指令，进行 ABB 智能分拣机器人程序的点位示教和编写，并学会使用 Robotstudio 编写 ABB 智能分拣机器人程序并完成调试，总结学习过程中的经验。

8.3 知 识 准 备

8.3.1 ABB 智能分拣机器人工作站的主要组成单元及工作流程介绍

如图 8-1 所示，ABB 智能分拣机器人工作站的工作目标是机械臂通过吸盘把分拣取料区中的物件搬运到分拣识别区，通过摄像头判断物件的形状和精确位置，再把物件放到分拣放料区的相应位置，如图 8-2 所示。

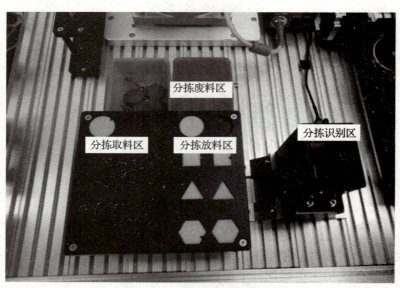

图 8 – 1　ABB 智能分拣机器人工作站的主要组成单元

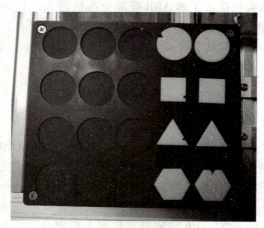

图 8 – 2　分拣放料区

8.3.2　ABB 机器人功能介绍

ABB 机器人功能介绍见 4.3.7 节。

8.3.3　ABB 机器人串口通信介绍

ABB 机器人串口通信配置相关内容见 5.4.4 节。

8.4　任 务 实 现

8.4.1　ABB 智能分拣机器人工具坐标的建立

如图 8 - 3 所示，本任务中需要设置吸盘的 TCP。用"4 点法 + X、Z 方向"的方式设置吸盘的 TCP。手动操作使吸盘在 TCP 练习模块中以 4 种不同姿态对准 TCP 设置点。再设置好 X 和 Z 的方向。如果前面已经设置好吸盘的 TCP，这里就不需要重新设置。

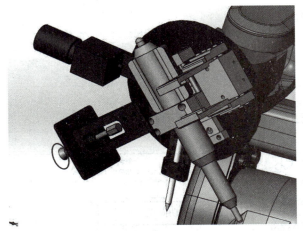

图 8 - 3　工具坐标的设置

创建工具数据，见表 8 - 1。

表 8 - 4　工具数据

参数名称		参数数值
Toolxi		TRUE
trans		
	X	0
	Y	0
	Z	0
rot		
	Q1	1
	Q2	0
	Q3	0

续表

参数名称	参数数值
Q4	0
mass	2.75
cog	
x	0
y	0
z	1

注：其余参数均为默认值。

8.4.2 ABB 智能分拣机器人工件坐标的建立

具体操作步骤如图 8-4～图 8-20 所示。

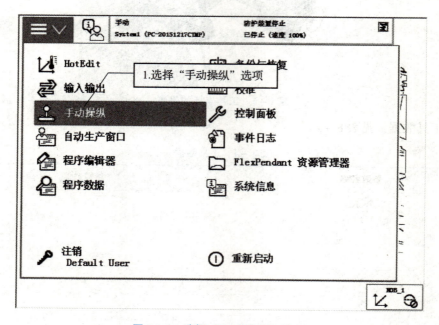

图 8-4 选择"手动操纵"选项

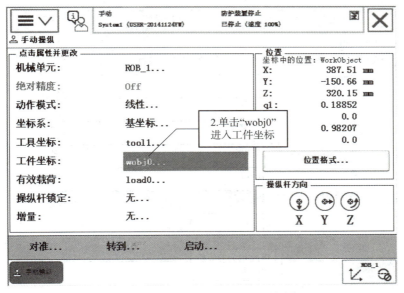

图 8 – 5　单击"wobj0"进入工件坐标

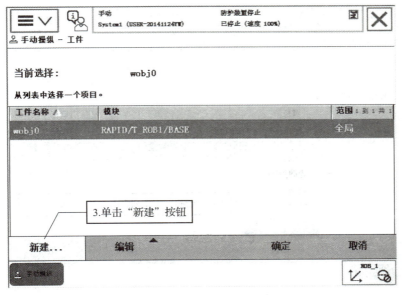

图 8 – 6　单击"新建"按钮

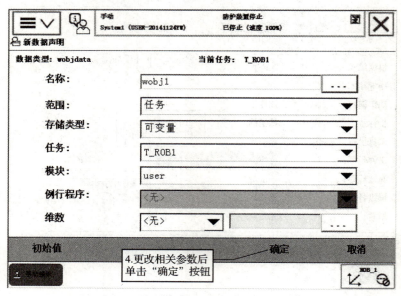

图 8-7　更改相关参数后单击"确定"按钮

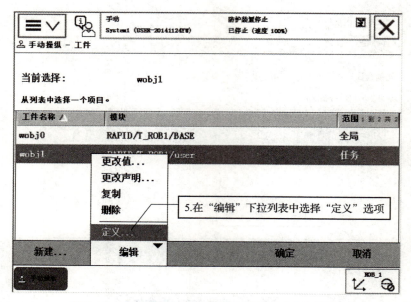

图 8-8　在"编辑"下拉列表中选择"定义"选项

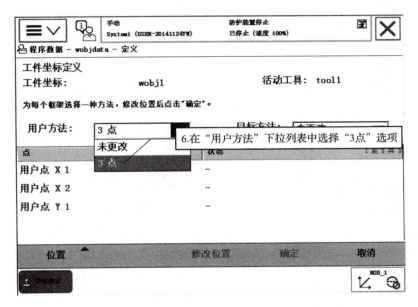

图 8 – 9　在"用户方法"下拉列表中选择"3 点"选项

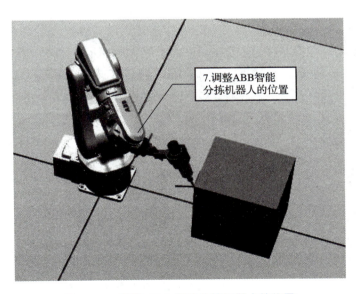

图 8 – 10　调整 ABB 智能分拣机器人的位置

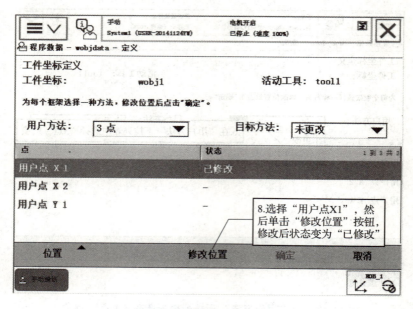

图 8 – 11 修改 X1 点位置

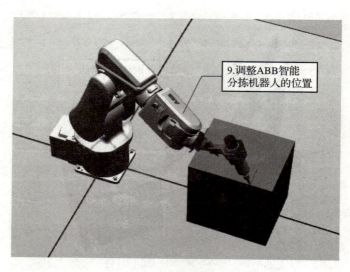

图 8 – 12 调整 ABB 智能分拣机器人的位置

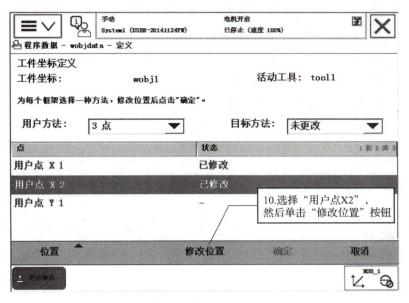

图 8-13　修改 X2 点位置

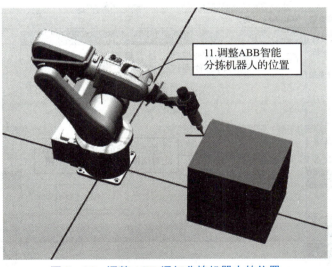

图 8-14　调整 ABB 通知分拣机器人的位置

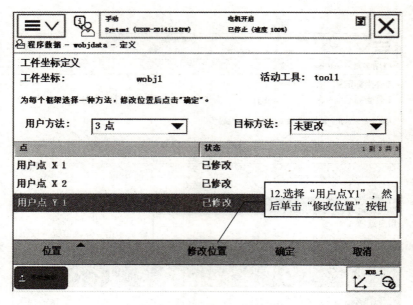

图 8 - 15　修改 Y1 点位置

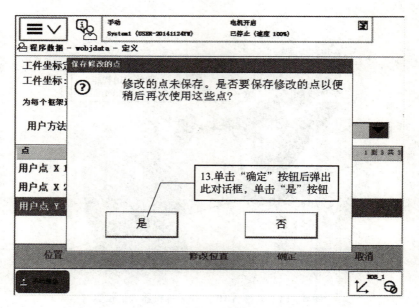

图 8 - 16　确定保存修改的点

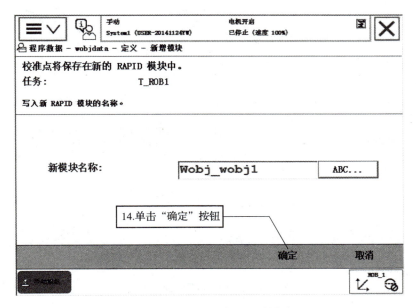

图 8 – 17 确定保存修改的模块

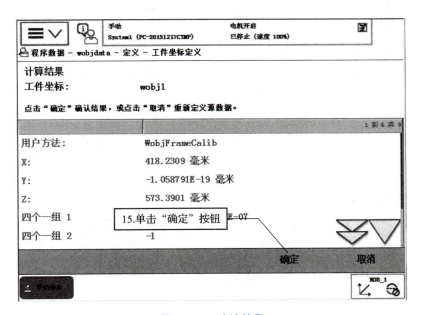

图 8 – 18 确认结果

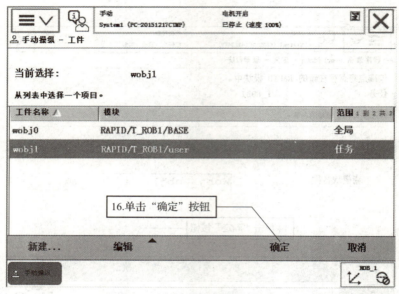

图 8 – 19 确定选择工件坐标 wobj1

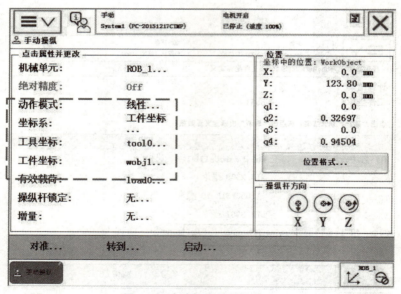

图 8 – 20 选择线性动作模式

设定手动操作画面，使用线性动作模式，测量新建立的工件坐标是否符合要求。

对应实物如图 8 – 21 所示，手动操作使吸盘对准图 8 – 21 所示 $X1$、$X2$、$Y1$ 3 个点进行创建。

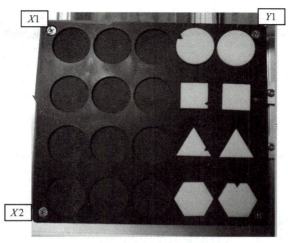

图 8－21　工件坐标建立位置

8.4.3　ABB 智能分拣机器人输入/输出信号配置

1. 配置 DSQC652 板
配置 DSQC652 需要设置的参数见表 8－2。

表 8－2　DSQC652 板参数

使用来自模板的值	Name	DeviceNet Address
DSQC 652 24VDC I/O Device	D652	10

2. 配置 DSQC652 板的输入/输出信号
需要配置的 DSQC652 板信号见下表。

表 8－3　输入/输出信号

Name	Type of Signal	Assigned to Unit	Invert Physical Value	Unit Mapping	信号用途说明
D652_in1	Digital Input	D652	On	0	电动机上电
D652_in2	Digital Input	D652	On	1	程序复位并运行
D652_in3	Digital Input	D652	On	2	程序停止
D652_in4	Digital Input	D652	On	3	程序启动
D652_in5	Digital Input	D652	On	4	电动机下电
D652_out6	Digital output	D652	On	5	控制吸盘吸气
D652_out9_red	Digital output	D652	Yes	8	控制 ABB 智能分拣机器人急停信号灯

续表

Name	Type of Signal	Assigned to Unit	Invert Physical Value	Unit Mapping	信号用途说明
D652_out10_yellow	Digital output	D652	Yes	9	控制 ABB 智能分拣机器人电动机下电信号灯
D652_out11_green	Digital output	D652	Yes	10	控制 ABB 智能分拣机器人电动机上电信号灯

3. 配置系统输入输出与输入/输出信号的关联

在示教器中，根据 8 - 4 的参数配置系统输入/输出。

表 8 - 4　系统输入/输出

Type	Signal Name	Action \ Status	用途说明
System Input	D652_in1	Motor On	电动机上电
System Input	D652_in2	Start Main	从主程序运行（初始化）
System Input	D652_in3	Start	程序启动
System Input	D652_in4	Stop	程序停止
System Input	D652_in5	Motor Off	电动机下电
System output	D652_out9_red	Emergency Stop	急停信号灯
System output	D652_out10_yellow	Motor On State	电动机上电信号灯
System output	D652_out11_green	Motor Off State	电动机下电信号灯

8.4.4　ABB 智能分拣机器人点位示教

在本任务中，一共需要示教 4 个点，分别是物料拾取点基准点、物料放置基准点、拍照点、废料丢弃点。其中物料拾取点基准点保持吸盘一直吸取物料进行示教，并且建议用目测观察，吸取圆形物料的中心位置进行示教。

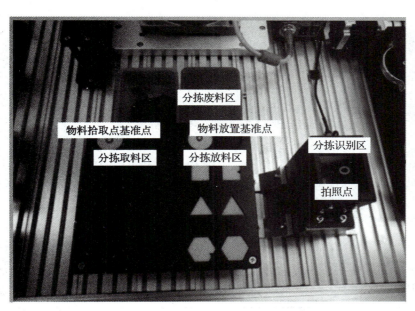

图 8-22　ABB 智能分拣机器人点位示教

8.4.5　ABB 智能分拣机器人程序的编写

```
! ****************************** ABB 智能分拣机器人程序 *********************
***********
    MODULEMainModule
PROC main()
        rInit;调用初始化程序
        WHILE TRUE DO
            Command:=ReadStrbin(ComChannel,8);
            ! 接收上位机 8 个字符数据,并赋值给 Command
            IF Command = "Stack *** " THEN
                rB_main;
            ENDIF
            IF Command = "Sorting * " THEN! 如果接收到字符串"Sorting * "
                rC_main;!则调用分拣程序
                ExitCycle;
            ENDIF
            IF Command = "Tcp ***** " THEN
                rE_main;
                ExitCycle;
            ENDIF
```

```
            IF Command = "punch *** " THEN
                WaitTime 1;
                ! rF_main;
                ExitCycle;
            ENDIF
            IF Command = "Screw *** " THEN
                rA_main;
            ENDIF
            IF Command = "Write *** " THEN
                rD_main;
                ExitCycle;
            ENDIF
        ENDWHILE
    ENDPROC
```

! *************************** 初始化程序 ***************************
```
    PROC rInit()
            VAR robtarget pActualPos;! 声明当前点点位数据
            Close ComChannel;! 关闭串口通道 ComChannel
            Open "com1:",ComChannel \Append \Bin;! 打开"com1"并连接
到 ComChannel
            ClearIOBuff ComChannel;! 清除 ComChannel 通道缓存
            Command: = "0";
            Reset D652_DO05;! 所有 I/O 口复位
            Reset D652_DO06;
            Reset D652_DO07;
            Reset D652_DO08;
            Reset D652_DO09;
            Reset D652_DO10;
            Reset D652_DO11;
            Reset D652_DO12;
            Reset D652_DO13;
            Reset D652_DO14;
            Reset D652_DO15;
            Reset D652_DO16;
            VelSet 40,400;! 设置速度比例以及最大速度
            A_nCount: =1;
            A_Step: =1;
```

```
                    pActualpos: = CRobT( \Tool: = tBase \WObj: = wobj0 );!读
取当前位置
                    IF pActualpos < >pHome THEN!如果不在原点位置
                        IF pActualpos.trans.z <pHome.trans.z –200 THEN!
                            pActualpos.trans.z: =pHome.trans.z;
                            MoveL offs(pActualpos,0,0,–200),v500,z5,tBase;
                            !上升至原点下方200 mm
                    ENDIF
                     IF pActualpos.trans.y >245 THEN!如果在右边大于245 mm
位置
                        MoveJ pB_Home,v500,z5,tBase;!移动到右边原点
                    ENDIF
                    MoveJ pHome,v500,fine,tBase;
                        ENDIF
                        WriteStrBin ComChannel,"Start * OK";!发送"Start *
OK"机器人就绪命令
                    ENDPROC
!**************************** ABB 智能分拣机器人程序 ********************
************
MODULE C_Wrok
!****************************** 程序数据 ******************************
****
VAR iodev ComChannel;!串口通道数据
VAR string StrData;!字符型数据,用于接收上位机数据
VARnum offs_x: =50;!数字型数据,物料 x 方向的偏移
VARnum offs_y: =40;!数字型数据,物料 y 方向的偏移
VAR num offs_buff_z;!数字型数据,物料的转角缓存
!****************************** TCP 数据 ******************************
****
TASK PERS tooldata tVacuum: =[ *** ];!吸盘 TCP
TASK PERS wobjdata wobj_C: =[ *** ];!分拣区工件坐标
!****************************** 点位数据 ******************************
****
CONST robtarget pC_PickBase: =[ *** ];!抓物料标定原点
CONST robtarget pC_Vision1: =[ *** ];!识别区 拍照点
CONST robtarget pC_PlaceNG: =[ *** ];!废料丢弃点
CONST robtarget pC_PlaceOK: =[ *** ];!放物料标定原点
PROC rC_main()
```

```
FOR h FROM 0 TO 1 DO
    FOR l FROM 0 TO 3 DO
                MoveJ
    Offs(pC_PickBase,l * offs_x,h * offs_y,100),v500,z10,tVacuum \
WObj: = wob
    j_C;! 拾取物料上方100 mm
                MoveL
    Offs(pC_PickBase,l * offs_x,h * offs_y,0),v300,fine,tVacuum \
WObj: = wobj_C;
                Set D652_DO05;! 吸盘吸住物料
                WaitDI D652_DI06,1;
                MoveL
    Offs(pC_PickBase,l * offs_x,h * offs_y,100),v300,fine,tVacuum \
WObj: = wobj_C;
                MoveJ
    Offs(pC_Vision1,0,0,50),v500,z10,tVacuum \WObj: = wobj_C;! 拍照
点上方
                Set D652_DO07;! 打开光源
                MoveL
    Offs(pC_Vision1,0,0,0),v300,fine,tVacuum \WObj: = wobj_C;
                WaitTime 0.5;
                OK: = FALSE;! 接收数据转换标志
                WriteStrBin ComChannel, "Camera1 * ";! 第一次拍照
                StrData: = ReadStrbin(ComChannel,32);
    !接收的32个字符数据赋值给 StrData
                OK: = StrToVal(StrData,OffsData);
    !StrData 字符串转 pos 型 OffsData,并返回真/假值
                WaitUntil OK = TRUE;
                IF OffsData.z < >500.00 THEN ! 判断不为废料
                    MoveL RelTool(pC_Vision1,0,0,0 \Rz: = OffsDa-
ta.z),
    V50 \T: =0.3, fine, tVacuum \WObj: = wobj_C;
                    offs_buff_z: =OffsData.z;
    !将转角数据缓存到 offs_buff_z
                    OK: = FALSE;
                    WriteStrBin ComChannel, "Camera2 * ";
    !第二次拍照
                    StrData: = ReadStrbin(ComChannel,32);
```

```
                    OK: = StrToVal(StrData,OffsData);
                    WaitUntil OK = TRUE;
              ENDIF
              IF OffsData.z < >500.00 THEN
                    Reset D652_DO07;! 关闭光源

    pC_PlaceOK_buff: = Offs(pC_PlaceOK,OffsData.x,OffsData.y,0);
    !将放置点位的偏移数据赋值给 pC_PlaceOK_buff
    pC_PlaceOK_buff: = RelTool(pC_PlaceOK_buff,0,0,0 \Rz: = offs_
buff_z);
    ! 将放置点位的最终数据含转角赋值给 pC_PlaceOK_buff
              MoveL
RelTool(pC_Vision1,0,0,50 \Rz: = offs_buff_z),V300,fine,tVacu-
um \WObj: = wobj_C;
              MoveL
    Offs(pC_PlaceOK_buff,0,0,100),V500,fine,tVacuum \WObj: = wobj_C;
              MoveL
    Offs(pC_PlaceOK_buff,0,0,0),V200,fine,tVacuum \WObj: = wobj_C;
                    Reset D652_DO05;! 关闭吸盘
                    WaitDI D652_DI06,0;
                    WaitTime 0.5;
                    MoveL
    Offs(pC_PlaceOK_buff,0,0,100),V300,fine,tVacuum \WObj: = wobj_C;
                    ENDIF
                    IF OffsData.z = 500.00 THEN! 如果为废料
                        Reset D652_DO07;
                        MoveL
    Offs(pC_Vision1,0,0,50),v200,z10,tVacuum \WObj: = wobj_C;
                        MoveL
    Offs(pC_PlaceNG,0,0,100),V500,fine,tVacuum \WObj: = wobj_C;
                        MoveL
    Offs(pC_PlaceNG,0,0,0),V300,fine,tVacuum \WObj: = wobj_C;
    !移动至废料丢弃点
                        Reset D652_DO05;
                        WaitDI D652_DI06,0;
                        WaitTime 0.5;
                        MoveL
    Offs(pC_PlaceNG,0,0,100),V300,fine,tVacuum \WObj: = wobj_C;
```

```
                        ENDIF
                    ENDFOR
                ENDFOR
            ENDPROC
! ******************************** 示教点位程序 ********************************
        PROC rC_Teach()
                    MoveJ pC_PickBase,v10,fine,tVacuum\WObj:=wobj_C;
                    MoveJ pC_Vision1,v10,fine,tVacuum\WObj:=wobj_C;
                    MoveJ pC_PlaceOK,v10,fine,tVacuum\WObj:=wobj_C;
                    MoveJ pC_PlaceNG,v10,fine,tVacuum\WObj:=wobj_C;
        ENDPROC
ENDMODULE
! ----------------------------------------------------------------------
```

8.5　考　核　评　价

任务8.1　用 3 点法设定工作台的基坐标

要求：熟悉 ABB 机器人设定工件坐标的意义，用 3 点法设定工件坐标，手动操作在设好的基坐标中运动并进行检验，能用专业语言正确流利地展示配置的基本步骤，思路清晰、有条理，能圆满回答老师与同学提出的问题，并能提出一些新的建议。

任务8.2　编写一段串口通信程序

要求：熟悉 ABB 机器人串口通信指令的使用方法，借鉴串口通信示例或者 ABB 智能分拣机器人程序，自己编写一段串口通信程序，使用串口调试助手模拟上位机，并且能够准确无误地发送和接收数据，能用专业语言正确流利地展示配置的基本步骤，思路清晰、有条理，能圆满回答老师与同学提出的问题，并能提出一些新的建议。

8.6　扩　展　提　高

任务8.3　编写 ABB 智能分拣机器人程序

要求：熟悉 ABB 机器人各条指令的使用，根据自己的思路，画出流程图，编写 ABB 智能分拣机器人程序。

附录

ABB 机器人程序指令及说明

附表 1　机器人运动指令

指令	说明
MoveJ	关节运动
MoveL	直线运动
MoveC	圆弧运动
MoveAbsJ	绝对位置运动
MoveJAO	关节运动同时触发一个模拟量输出信号
MoveLAO	直线运动同时触发一个模拟量输出信号
MoveCAO	圆弧运动同时触发一个模拟量输出信号
MoveJSync	关节运动同时执行一个例行程序
MoveLSync	直线运动同时执行一个例行程序
MoveCSync	圆弧运动同时执行一个例行程序

附表 2　等待指令

指令	说明
WaitDI	等待一个数字量输入信号为设定值
WaitDO	等待一个数字量输出信号为设定值
WaitAI	等待一个模拟量输入信号为设定值
WaitAO	等待一个模拟量输出信号为设定值
WaitGI	等待一个组合输入信号为设定值
WaitGO	等待一个组合输出信号为设定值
WaitTime	等待给定的时间
WaitUntil	等待直至满足条件

附表3　I/O 信号指令

指令	说明
Set	将数字输出信号设为 1
Reset	将数字输出信号设为 0
SetDO	设定数字输出信号的信号值
SetAO	设定模拟输出信号的信号值
SetGO	设定组合输出信号的信号值
PulseDO	设定数字输出信号的脉冲
InvertDO	将数字输出信号取反

附表4　中断指令

指令	说明
CONNECT	中断连接指令，连接变量和中断程序
ISignalDI	数字输入信号中断触发指令
ISignalDO	数字输出信号中断触发指令
ISignalGI	组合输入信号中断触发指令
ISignalGO	组合输出信号中断触发指令
IDelete	删除中断连接指令
ISleep	中断休眠指令
IWatch	中断监控指令，与休眠指令配合使用
IEnable	中断生效指令
IDisable	中断失效指令，与生效指令配合使用

附表5　逻辑控制指令

指令	说明
Compact IF	紧凑型 IF
IF	当满足不同的条件时，执行对应的程序
FOR	根据指定的次数，重复执行对应的程序
WHILE	如果满足条件，反复执行对应的程序
TEST	对一个变量进行判断，从而执行不同的程序
GOTO	跳转指令
Label	跳转标签

附表 6　程序停止指令

指令	说明
Stop	停止程序执行
EXIT	停止程序执行并禁止在停止处再开始
Break	临时停止程序的执行，用于手动调试
ExitCycle	停止当前程序的运行，并将程序指针复位到主程序第 1 条指令处

附表 7　轴配置和奇异点管理指令

指令	说明
ConfJ	关节运动的轴配置控制
ConfL	直线运动的轴配置控制
SingArea	奇异点管理

附表 8　关于位置的功能

指令	说明
Offs	对 ABB 机器人的位置进行偏移
RelTool	对工具的位置和姿态进行偏移
CalcRobT	从 jointtarget 计算出 robtarget
CPos	读取 ABB 机器人当前位置的 X、Y、Z
CRobT	读取 ABB 机器人当前位置的 robtarget
CJoinT	读取 ABB 机器人当前位置的关节轴角度
ReadMotor	读取轴电动机当前的角度
CTool	读取工具坐标当前的数据
CWObj	读取工件坐标当前的数据
CalcJointT	从 robtarget 计算出 jointtarget

附表 9　示教器人机界面的功能

指令	说明
TPErase	清屏
TPWrite	写屏
TPReadFK	互动功能键操作
TPReadNum	互动数字键盘操作
TPShow	通过 RAPID 程序打开指定的窗口

附表10 串口读写指令

指令	说明
Open	打开串口
Write	对串口进行文本写操作
Close	关闭串口
WriteBin	写一个二进制数的操作
writeAnyBin	写任意二进制数的操作
writestBin	写字符操作
Rewind	设定文件开始的位置
ClearIOBuff	清空串口的输入缓冲
ReadAnyBin	从串口读取任意的二进制数
ReadNum	读取数字量
ReadStr	读取字符串

附表11 数学运算指令

指令	说明
Clear	清空数值
Add	加
Incr	加1操作
Decr	减1操作
Abs	取绝对值
Round	四舍五入
Trunc	舍位操作
Sqrt	计算二次根
Exp	计算指数值
Pow	计算一个值的幂
Acos	计算圆弧的余弦值
Asin	计算圆弧的正弦值
ATan	计算圆弧的正切值
Cos	计算余弦值

指令	说明
Sin	计算正弦值
tan	计算正切值
EulerZYX	通过姿态计算欧拉角
OrientZYX	通过欧拉角计算姿态